活着本该快乐

黄荧 著

天津出版传媒集团

天津人民出版社

图书在版编目（CIP）数据

活着本该快乐 / 黄荧著 . — 天津：天津人民出版
社，2018.12
ISBN 978-7-201-14246-3

Ⅰ.①活… Ⅱ.①黄… Ⅲ.①人生哲学—通俗读物
Ⅳ.① B821-49

中国版本图书馆 CIP 数据核字 (2018) 第 259423 号

活着本该快乐

HUOZHE BEN GAI KUAILE

黄荧　著

出　　版	天津人民出版社	
出版人	刘　庆	
地　　址	天津市和平区西康路 35 号康岳大厦	
邮政编码	300051	
邮购电话	（022）23332469	
网　　址	http://www.tjrmcbs.com	
电子信箱	reader@tjrmcbs.com	

责任编辑	佟　鑫
装帧设计	末末美书

印　　刷	天津中印联印务有限公司
经　　销	新华书店
开　　本	710 毫米 × 1000 毫米　1/16
印　　张	16
字　　数	206 千字
版次印次	2018 年 12 月第 1 版　2018 年 12 月第 1 次印刷
定　　价	45.00 元

快乐要从心出发

当刺耳的闹钟声响起的那一刻，我们一天的生活也即将展开：

我们睡眼蒙眬地洗漱，匆匆忙忙地出门；

我们带着疲倦的面容饿着肚子去挤公交车；

我们机械般地工作，并强堆起笑脸应酬客户；

我们急急忙忙地回家，偶尔还要赶几个无味的饭局。

当拖着疲惫的身体回家时，我们不禁感叹活着真累啊！

社会纷繁复杂，世界变幻莫测，芸芸众生中的我们，在人生中奋斗，在生活里"作秀"，到了夜深人静之时，我们常会忍不住地问自己：我怎么会变成这样？然而黎明过后，我们却依然周而复始地生活。也许，我们也曾想过改变，但这看似和谐的生活，又让我们无从改变。于是，我们仍然如此这般地活着。

人生是一趟单程的旅途，活着就应该让自己享受快乐，否则相当于白来这世上走了一遭。那么，如何才能获得快乐呢？其实很简单，只要凡事从心出发即可！很多人之所以觉得不快乐，是因为走上了一条不属于自己的人生路，这一路有埋怨、有叹息，更有无数的遗憾，却始终没有勇气去改变现状，以致他们经常将"累"挂在嘴边，并逐渐对生活失去了热情，如同行尸走肉一般！

倘若你不想这样活着，就翻开这本书，让它带你一起追寻快乐吧！

本书从生活、工作等方面深入剖析了现代生活中的偏颇，让你看清自己内心的需要，活出精彩、美妙的人生！此外，全书还以轻松明快的节奏向读者阐述了生活的智慧，并如朋友谈心般为大家指引方向，使你的人生不至于盲目，更不会陷入迷茫，最后实现快乐人生！

也许，这个世界的纷乱已经使我们的内心浮躁不堪，但是没关系，只要我们用心，就一定能找回失去的快乐，踏上通往幸福的旅程！

目 录

第六章　从现在开始，朝着快乐的目标前进

第七章　适时的放手，也是一种快乐

第八章　激发潜能，让快乐的潜意识更积极些

第一章

心不累，才能遇见快乐

生活就像一潭湖水，不可能没有杂质，当有外力触碰它时，这些杂质便会渐渐浮出水面，干扰我们的视线，迷惑我们的眼睛，只有等我们冷静下来，看清楚自己的内心，才能避开杂质，窥见湖底的清澈。人生在世，很多人都活得筋疲力尽，但这并不妨碍我们追寻快乐，只要我们能定期清扫心里的"灰尘"，让心灵别太累，便能活得多姿多彩！

清扫心里的"灰尘"

当你看不清自己时，请你静静地走进心房，去扫一扫里面的"灰尘"。

人生之路，漫长而又曲折，难免会遭遇瓶颈，但有些人可以轻松度过，有些人却依然困惑不已，这是为什么呢？因为没有清楚地看清真正的自己！不知道自己想要的是什么，不知道自己应该坚持还是放弃，只看到了眼前暂时的困难，只看到了现实给予自己的无奈。此时，不妨走进自己的心房去看一看，清除那些世俗的困扰，静静地想一想自己想要的究竟是什么！

今天，又是一个不能回家的周末，为了躲避女房东的尖声谩骂，李丽只能如游魂般在街上闲逛。往事趁机跳了出来，在脑海中一幕幕呈现，但倔强使她努力抑制着自己的情绪。这时她的手机突然响起，接起手机，耳畔是母亲的询问与关怀，放下手机的一瞬间，她内心的压抑与委屈终于爆发了，往事席卷而来。

　　像所有北漂者一样，李丽希望自己能在北京这个繁华的都市中拥有一席之地，于是她努力地寻找工作，频频出现在各种大型招聘会上。然而那些企业要么招工作经验丰富的，要么就是要求有北京户口，她好不容易以学历争取到一个职位，却因处理不好人际关系，连三个月的试用期都没过。

　　类似的情况一再发生，李丽的梦想也被现实打得遍体鳞伤，为了生计，她唯有去做市场管理员、销售代表，甚至是服务员等。谁曾想性格简单直接的她常常会在无意间得罪人，弄得大家都不敢跟她太过亲近，于是这些工作她也没干多长时间。这让她不禁怀疑自己当初的决定，她想：也许是时候放弃自己所谓的"梦想"，回老家过安稳日子了。

　　不知不觉中，李丽走到了附近的一座小公园，公园里的草枯黄，东倒西歪的，在寒风中瑟瑟发抖，一片衰败不堪的景象。此情此景不禁使她触景生情，这不正和自己目前的状况一样吗？正当她感慨万千时，看见一位园丁正悠闲地给大树剪枝，她不禁问园丁："为什么这里的草长得不如其他公园里的草呢？"

　　园丁看了看李丽，微笑着回答道："我觉得主要是因为你把这些草和别的草相比较的缘故，我看这里的小草就挺顺眼的。世人容易因世俗的困扰而看不清自己的内心，就像这些小草，人们常常只看得见别人的草坪多漂亮，却不知道自己的草坪也很美，只是当你看惯了那些世人都认为美的草坪后，便容易忽略自家那片美丽的草坪。小姑娘，与其希望别人美丽的草坪是你的，不如多花点时间去关注、整治自家的草坪。"

　　听完园丁的话，李丽先是一愣，随后便恍然大悟。李丽激动地跑回家里，寻找纸笔写下自己突发的感想："人们往往让时间在观望中白白流逝，却没有尽自己最大的努力使事情朝自己希望的方向发展。"从这之后，李丽的内心再也没有动摇过，她一直努力地工作和生活，从一个岗位到另一个岗位，从一家公司到另一家公司……通过不懈努力，李丽终于完成了自己的心愿——找到一份稳定的工作，在繁华的北京扎下根！

人生有限，但希望无限。也许现在快节奏的社会已经让你迷失了自己，让你看不清什么才是自己想要的。不过你与其让自己沉溺于悲伤，不如抽出一些时间，静静地走进你的内心，好好地整理一下那片长满疯草的心灵。是的，或许当今社会已经让任何一种奋斗都带着三分的不乐意，但你静下心来好好想想，那是你想要的生活吗？那是你所希望的生活吗？相信常被迷茫、沮丧、痛苦围绕着的日子绝不是你想要的生活，因此你自己的切身感受远远要比其他事物重要得多。要知道情绪是从来不会撒谎的，它是你内心的真实写照，无论你是否按照真实的意愿在行动。其实这些情绪都是你内心发出的警报，没有人能告诉你该怎样去解决它们，除了你自己，只有你自己才能消除这些心灵的杂草。

当你发现自己的感觉很糟糕，或是心情非常不好，那么你就需要好好反省反省了，是什么让你产生了这些消极的情绪？是现实的无奈，还是莫测的世界？这些都不过是借口罢了，其实是你害怕了，你害怕挫折、害怕改变、害怕挑战，这种感受令你胆怯，使你的人生暗淡无光，不敢面对真实的自己，于是你渐渐停滞不前，开始看不清自己脚下的路。

殊不知，此时此刻，光明就在你眼前，只要你勇敢地下定决心，不再徘徊，不再观望，尽自己最大的努力去实现心中的愿望，那么事情就会慢慢靠近自己的期望。记住，随着自己的心前进，就是选择了你真正想要的生活，即选择了幸福和快乐，从此以后，你的生活里除了精彩，还是精彩！

? 静静思考

1.你的生活开心吗？除了一些琐事以外，是否有其他的
　事让你纠结？

快乐来得不那么痛快

　　大多数人的迷茫，都是因为迷失了方向，唯有走进你的内心，才能永远快乐。

　　生活就像一幅抽象画，一百个人会有一百种评价，如果你只保留着自己的评价，相信你的生活会简单而快乐。人类会使用语言，这一百个人会相互交流，于是经过筛选，只剩下了几种对这幅画的经典评价。当然，我们不能说其他评价不精辟，可与此同时，你是否也舍弃了自己对这幅画同样独到的诠释呢？在这个人云亦云的世界，唯有走入自己的内心，才能获得永远的快乐！

　　这一天，五十岁的王卫国收到了一个消息，让他顿感晴天霹雳，他一直赖以维持生计的工厂突然之间倒闭了，这给他的打击是巨大的。尽管这个工厂并没有留给他太多美好的回忆，而钳工的工作也只是他养家糊口的方式，但他却从没有想过工厂在他五十岁这个尴尬的年纪倒闭，他不知所措。

　　家里还有孩子在上学，年迈的母亲也卧病在床，现实的逼迫让王卫国不得不再次走上求职之路，幸好，他还有一门手艺。为了找工作，他磨坏了不少双鞋子，但不知道为什么，那些工厂都拒绝了他，可以说，几十年如一日的练习，让他的专业技术已经到了炉火纯青的地步，为什么他们会不要自己呢？

　　这天，王卫国又来到了一家工厂面试，面试的结果一如既往，但这一次他并没有匆忙地离开，而是勇敢地提出了自己的疑惑，毕竟他还是要维持生计的。他对面试他的领导说："先生，我知道，也许我的年龄是大了点，但离我的退休年龄还有十年，也就是说，我还是可以为您的工厂工作十年的，并且我的技术一流，不信我们可以当场检验。"

　　面试的领导看着他，笑了一笑，说道："先生，不是年龄的问题，从你的言谈中，我看见了你想得到这份工作的欲望，却没有看见你对这份工作的激情，很显然，在你的内心深处，其实并不喜欢机械这活儿。当然，我绝对相信你的技术一流，比我这里任何一个技术人员都出色，但你会在这里坚持多久？这里已经不是你那个待了一辈子的工厂了。"

　　听了这些话，王卫国才发现，原来自己已经如此不喜欢这份工作了。在谢过领导之后，他转身正准备离开时，这位与他年龄相仿的领导走了过来，说："伙计，也许你不相信，我也是一年前才来到这个厂的，你更不会相信，我自己有一家公司交给了别人打理，而自己却在这里给别人打工。你知道吗？这一年是我人生中最快乐的时光，这才是我真正想要的生活！"

这位面试官的话，让王卫国惊诧不已，同时，他也明白了面试官这番话的苦心，于是，他改变了自己的求职政策，开始向他喜欢的领域发起猛烈的进攻。

一个星期后，王卫国在一个汽车站遇到了一位多年不见的老朋友，闲谈中，这位朋友说起来自己正在做邮票收藏生意，还干得非常红火。说起邮票，那简直是王卫国的第二生命，他那些独到的见解不由得让这位朋友产生了一个想法，朋友试探地问了一句："你是否有兴趣以股东的身份跟我一起合伙经营邮票收藏生意？当然，你必须出一笔钱入股。"

朋友的建议让王卫国觉得自己的机会来了，于是他毫不犹豫地答应了那位朋友的请求，没过多久，他便在属于自己的公司里找到了自己应有的位置，他们的邮票收藏事业也顺风顺水。

现在，已经接近七十岁的王卫国依然还在工作，并且每天都很忙碌，但目前的他，无论是经济上还是精神上，都得到了极大的满足和快乐。他常常感谢那次磨难让他过上了自己想要的生活。

生活永远是变化无常的，我们随时都可能面临突如其来的改变，也许面对这种状况时，你的意志开始崩溃，开始思绪不宁，最后渐渐迷失了自己，漠视自己的能力。之所以会这样，是因为你没有走向你的内心。心是快乐之根，只有自己真正了解自己最想要什么。

快乐一直都是你的内在导航系统，它是个非常清晰的反馈装置，如果你感到幸福和快乐，说明你正走在正确的道路上，生活与你的真我正紧密地联结在一起；如果你感觉到悲伤或痛苦，那么你已经脱离了正确的轨道。

事实就这么简单!请随时注意你的情绪感受,让你的情绪指针尽可能地指向快乐。

?静静思考

1.你是否会为一些鸡毛蒜皮的小事发火,甚至会无缘无故地发脾气?

2.你是否有固定时间做一件自己喜欢做的事,如看自己最喜欢的杂志或者写一本记录心情的日记等?

有时，选择只需忠诚

站在人生的岔路口总会不知所措，其实，只要忠于内心，就能找到自己的路。

每个人都希望自己的人生能无限精彩，但残酷的现实却常常让有些人望而却步，于是他们保险地选择了在自己能力范围内体验人生。是的，这样的生活确实会很安逸，但是无形之中却少了很多精彩。

十八岁那年，文珊在咖啡厅里做服务员，那是一家非常高级的咖啡厅，有一位老板经常来，他经营着全省最大的皮具公司。文珊对制作皮具非常感兴趣，于是每次这位大老板一来，她都会抢着去服务。时间一长，这位老板便看出了其中的端倪，提出了疑问。

"姑娘，为什么每次都是你来为我服务呢？这可不像是巧合！"

文珊腼腆地笑了笑，回答道："不是巧合，是我主动要求的。我一直都对皮具非常感兴趣，只是家里穷，没钱支持我学习这门技术，我就自己琢磨做，但遇到技术难题便只能放弃了，我觉得非常可惜。

我主动要求为您服务，其实也是希望您能为我指点一二。"

这位大老板听后微微一笑，看着眼前这个诚实的姑娘，他实在不忍心拒绝，于是说道："我时间有限，可能无法指点你，但我可以送你几本制作皮具方面的书，让你带回家慢慢研究。"

就这样，这位老板总会不时地送给文珊一些书，每次文珊都会带回家认真地阅读，仔细地研究。转眼间，两年多过去了，文珊也已经能做出一些简单的皮具了。此时，大老板已打心眼里喜欢上踏实肯干的文珊，在一个晴朗的午后，他问文珊："你愿意来我的工厂上班吗？"

文珊听到这位老板的询问后，高兴地简直要跳起来。

但一想到自己家里的状况，文珊便乐不起来了。她的父亲常年卧病在床，家里还有一个即将上大学的弟弟，而母亲只能在照顾父亲之余接一些零散的活来做。如果她辞掉咖啡厅这份工作，很可能会断了家里的生计。

于是，文珊怯生生地问："不知您那边的工资待遇如何？我家里的情况有点特殊。"

老板笑了笑，说道："你应该也已经猜到了，刚去上班，工资可能不会太高。"

这让文珊左右为难，一边是自己的家人，一边是自己最渴望的工作，她真的不知道该如何选择。可她不甘心就这样放弃，便说道："那您能不能给我几天时间考虑一下呢？"

老板回答："可以！我给你三天时间，这是我的名片，上面有我们公司的地址，你考虑好了就直接来上班吧！"

三天时间很快便过去了，一大早便有人来敲老板办公室的门，正忙着找文件的他大喊了一声："请进！"

进来的竟然是文珊，老板开心之余也十分好奇，于是就问："你的难题解决了？"

文珊笑了笑，回答："是的，已经解决了！不瞒您说，我很需要钱，因为一家人几乎都靠我养活，但我更需要这份工作，因为它是我梦寐以求的事业，所以我选择忠于自己的心。我可以利用上班之外的时间多找几个兼职，无非就是自己辛苦一点！"

老板打量了一番眼前的这个小姑娘，说道："看不出你年纪轻轻的，却看得如此通透！你放心好了，只要你好好干，我绝不会亏待你的！"

就这样，文珊开始了新的生活！由于她工作十分努力，工资也水涨船高，比在咖啡厅工作快乐多了。

人生有很多条路，但唯有跟随内心的指引，你才能走上一条幸福的康庄大道。有时，生活就像一个调皮的小孩，总喜欢在不恰当的时候跟你开个小玩笑。如果你信以为真，就会被它欺骗，但如果你坚持自己内心的感觉，那么即使它再顽皮也欺骗不了你。要知道，痛苦还是快乐都完全取决于自己，只有始终看着心的指针，才能看清事实的真相，才会延续你的快乐。

有时，往往真正欺骗你的是你自己，当人们都觉得那条路是对的时候，你也会告诉自己：这条路是对的，就走这一条吧！这时，你全然不顾自己内心真正的感受，进而导致以后再次面对艰难的选择。如果你一开始就选对了自己的路，那么怎么还会迷茫呢？所以，在日常生活中，对于每一次抉择，我们都应该常问自己："这是我真实的想法吗？"如果你能挺起胸膛说"是"，那么你就是对的。

不可否认，文珊是聪慧的，她没有被现实蒙蔽了双眼，而是忠于自己的内心，做出了正确的选择。每个人的人生都不相同，别人的观点，是别人的生活态度，而不是你自己的。所以，不要让你的内心被这些外界因素所干扰，明确自己的想法，并接受现实，这才是你要走的路！

❓ 静静思考

1.如果别人质疑你现在的生活，你是立即做出改变？还是继续坚持自我？

2.对于别人的提议，你会铭记在心？还是仅仅只作为参考而已？

人是很容易放弃自己的动物

被他人左右而失去方向的人，将无法抵达属于自己的幸福之地。

人生之路，永远都不可能一马平川，难免会遭遇挫折，但在挫折面前，你一定要慎重选择，这一次的抉择往往能改变你的一生。然而，人又都生活在现实之中，现实总能在无形中给你一种压力，并悄无声息地改变着你的选择，所以不要让世俗左右你的决定，你脚下的路，只有自己知道应该怎么走，你的内心，就是你前行的方向，走自己的路，让别人说去吧！

维杰的家境并不富裕，父母都是普通的工人，年轻时，他依靠自己的勤奋努力，半工半读地念完了大学。由于他并不出众，因此毕业后，他只能在公司里做些打杂的工作。

但他非常热衷于唱歌和跳舞，只要一有空闲，他便会将自己关在房间里练习，而对于全国各地的选秀，无论离自己有多远，他都会赶过去参加。

虽然选秀每次都以失败告终，但维杰却并没有选择放弃，反而还越战越勇，变得比以前更积极努力。终于皇天不负苦心人，维杰这一次参加选秀，不但顺利地通过了海选，还挺进了"全国十三强"。只不过，维杰性格比较孤僻，再加上第一次上电视直播，难免有些紧张，以致偶尔会"口出狂言"，惹得有些观众十分不悦，经常在网上留言批评他。

对此，维杰的亲朋好友们都非常担心，纷纷对他父亲说："网络上到处都是攻击你儿子的评论，真把我们吓坏了。你还是让小杰退出吧，别把自己的名声给搞坏了，人言可畏啊！"对此，父亲一直都保持沉默，可维杰却犹豫了，除了外界的那些流言蜚语外，他很清楚剩下的对手都是强敌，他压根就冲不进前三名。

父亲是个过来人，他看出了儿子最近的变化，于是找他聊了聊。面对父亲的关心，维杰将自己目前的矛盾全盘托出，当父亲得知一切后，他平静地告诉维杰："不错，你现在处境的确有些尴尬，但这却是你离梦想最近的一次，一旦你选择了放弃，或许这辈子很难再遇到相同的机遇了，你自己好好想想吧！"

确实如此，自己从没有如此接近梦想，如果就这样轻易地放弃了，实在太可惜！父亲的话让维杰顿时豁然开朗，他决定继续参加比赛，无论别人说什么、做什么，他都要勇敢地去面对，坚持走自己想走的路。

事实证明，维杰的选择是正确的，他虽然在第八名的位置被淘汰下来，却幸运地获得了一家娱乐公司的青睐，成了该公司旗下的艺人，从此专心致志地追求梦想。

很显然，是维杰的坚持让他成就了自己的梦想。如果他让舆论左右了自己的选择而放弃了想走的那条路，那么多年后的今天，他便只能懊悔自己白白浪费了这一生的时间。其实，人生真正的成功，不在于成就的大小，而在于是否努力地去实现自我，喊出属于自己的声音，走出属于自己的道路，因为这才是人生的精彩所在。

人生在世，最糟的事就是不能成为自己，不能在行动与心灵中保持真正的自我。其实，你就是你，无须按照他人的眼光和标准来评判自己、约束自己，也没有必要总是效仿他人，我们应当相信自己，坚持内心的想法，始终保持自我本色。每一个人的生命都一样，但每个生命的高度却是不一样的，如果你想要达到自己的高度，就不要被他人所左右而失去了自己的方向。

做最真实的自己，走自己想走的路，这就是你的人生！

？静静思考

1.你对自己的现状满意吗？是否想过要改变一下自己？

2.你是一个忠于自己内心的人吗？别人的意见是否能够动摇你的决定？

你的位置在哪儿？

这个世界每个人都有自己的位置，唯有找准这个位置，你才能获得真正的快乐！

每个人在社会中都有自己的位置，但大多数人却无法第一时间找到最适合自己的位置，总是在百转千回后才蓦然发现究竟什么才是适合自己的，然而此时，已经浪费了太多的时间和精力。这是为什么呢？因为在人生中有太多外界的阻挠，我们总会在种种假象中迷失自我；总会在瞬息万变的世界里选择盲从；总会在无形的压力下选择屈服。

如果你想迅速找到自己的位置，那就第一时间询问你的内心，究竟哪里才是最合适你的位置！

从小到大，李欣的学习成绩一直都不错，但由于高考发挥失常，她与大学失之交臂。李欣一直都很想学手语去帮助那些聋哑人，但高考的失利让父母非常生气，所以她只能先找工作，再利用空闲时间来学习手语。

为了不让父母生气，更为了解决自己的生计，李欣决定重拾信心，只身南下，去广东闯一闯。在广东，她先后做过很多种职业，如纺织工、市场管理员、会计等，在这期间，她依然没有放弃自己的兴趣，继续利用空闲时间学习手语，当她的手语已经十分熟练时，便去了工作地点附近的社区做志愿者。

就在李欣的手语突飞猛进时，她的工作却依然毫无起色，都半途而废了。

最后，李欣还是灰心丧气地回了老家，为了不让父母伤心，她没有直接回自己家，而是借住在好友家，想等找到工作后再回去。晚上，李欣忍不住找好友抱怨自己这几年工作中的委屈，好友问道："你不是喜欢手语吗？为什么不从事跟手语有关的工作呢？"她脱口而出的说："我是喜欢手语，但我从没想过找这一类的工作。"

好友笑了笑，说道："难怪你一直做什么都不行，原来你没有找到适合自己的位置。你曾经的那些工作都是为了工作而工作，你根本就不喜欢，所以你不会倾尽全力，结果当然是干不长。但如果让你去做一名手语老师，你一定会尽心尽力地做好它，绝不会让那些聋哑人学不到知识的，对吧？"

当李欣听完好友的这番话，三十岁的她这才恍然大悟，原来自己一直都没有找到适合自己的位置，进而导致自己浪费了这多年的青春。从那以后，她决定给自己一个准确的定位，那就是做自己喜欢做的事。于是，她去了一家聋哑学校应聘，并成功地成了该学校的一名老师。由于她非常喜欢这份工作，所以她用尽了心思做好自己的工作，没多久，她便跟学校里的孩子打成了一片。

这是李欣第一次感受到工作给自己带来的喜悦，于是她更加卖力地工作，她的优秀也渐渐突现了出来，并且还积累了一定的资金和人脉。她发现学校的名额有限，还有很多聋哑孩子得不到帮助，于是她向校领导提议再开一家分校，可校长以资金有限为由拒绝了她。她不甘心就这样放弃，当即表示资金方面由她全权负责，只要校方首肯，她立刻就去办。

在李欣的死磨硬泡之下，校长终于同意了。为了尽快成立分校，李欣拿出了自己所有的积蓄，并拉来了几笔慈善投资。

分校成立那天，李欣看着聋哑孩子们在操场上玩耍，心里别提有多高兴了！

每个人都有一个最适合自己的位置，只有找准了才能实现自己的价值。当你在当下的位置上迷茫、不开心时，不妨用心想想，什么才是你想要的，是否自己现在走的路并没有遵从自己的内心。如果答案是肯定的，请不要犹豫，勇敢地放弃这条路，踏上属于你自己的那条阳光大道。聪明的人从不会浪费自己的时间和精力去试探，因为他们一直都知道，适合自己的就是心里的那条路。

不可否认，李欣是幸运的，她没有在自己年过半百后才猛然惊醒，倘若她没有及时回头，遵从自己的内心，相信在她白发苍苍之际，一定会后悔这一生所走的路。这个世界虽然很大，但最适合你的位置却只有一个，人生说长不长，说短也不短，只要你能找到最适合自己的位置，那么你的人生才能算得上精彩。

生活就像一杯水，里面不可能没有杂质，当有外力碰到它时，这些杂质便会在剧烈的摇晃中渐渐浮出水面，干扰你的视线，只有等你冷静下来，看清楚自己的内心，才能避开这些杂质，窥见杯底的清澈。不要等到过完了这一生，再后悔自己浪费了太多的时间和精力，却没有做一件自己觉得有意义的事。从现在起，看清你的内心，找到最适合你的位置，过你想要的美丽人生！

> **? 静静思考**
>
> 1.你觉得自己能胜任现在的生活和工作吗？
>
> 2.现在的你，是否对自己的人生充满了激情？丝毫不觉得疲惫？

为什么总有那么多遗憾？

现实社会让很多人不敢走向自己内心向往的路，于是留下了无数的
遗憾！

21 世纪的今天，人们常常将"如果当初……"的感叹挂在嘴边，很显然，
在他们的人生中充满了遗憾，因为有的东西一旦失去，就永远不可能再重来。
很多人都缺乏勇气去直面自己的内心，尤其是自己倾心向往的事物，结果一拖
再拖，直到拖得自己没有了时间、信心和激情，白白错过了原本可以圆满的结
局。其实，不妨试着勇敢一点、自信一点，再对自己诚实一点，没准儿就会收
获意外的惊喜。

一直以来，张莉都对手语很感兴趣，而且还经常去聋哑社区做志
愿者，定期为聋哑人服务，由于常常与那些聋哑人用手语交流，她的
手语已经非常熟练了。大学毕业后，她顺理成章地去了一所聋哑学校
担任教师。

那一天，张莉正在站台上等公交车，不远处一男一女两个年轻人引
起了她的注意。只见他们在用手语交流，她看出那个女孩是在问路，女

孩想去附近的购物中心，那个男孩也打着手语，表示他也不知道。这时，一向乐于助人的张莉走了过去，用熟练的手语告诉女孩怎样去那个地方。

上车前，张莉给他们留下了自己的微信，但没想到第二天，张莉就收到了那个男孩的信息。男孩叫李杰，是一名软件工程师，他非常感谢张莉当天的帮助，还直夸张莉是个好女孩。张莉出于礼貌，很认真地回复了李杰的信息。从那以后，他们俩便开始在微信上聊天，久而久之，两人渐渐熟识，并成了朋友。后来，李杰时常约张莉出去吃饭、郊游……

虽然他们只是用手语交谈，但却分外默契，张莉丝毫不觉得两个人的沟通有什么障碍。随着时间的流逝，张莉发现自己喜欢上了幽默爽朗的李杰，而李杰显然对她也有好感，可张莉明白，李杰毕竟不是一个健全的人，虽然他很优秀，但想到他永远只能用手比画"我爱你"，张莉心里就不免有些遗憾。

面对心底的悸动，张莉不知道该怎么办才好。于是她征询朋友的意见。朋友们各执一词，有的说爱情至上，有的则劝张莉不要犯糊涂，却始终没有一个人能给出肯定的答案。

就这样，时间过去了两年。

转眼到了情人节，李杰约张莉出来，只见他手捧一束玫瑰，憋红了脸，认真地用手语说着："你愿意做我的女朋友吗？"那一刻，张莉心中满是幸福，可随之而来的却是烦恼：父母原本就对她在聋哑学校担任老师有意见，如果再告诉他们自己找了一个聋哑男友……一想到这些，张莉的表情瞬间黯然了，她用手语回答道："对不起，请你给我一点时间考虑好吗？"

果然不出张莉所料，父母得知此事后坚决反对。

张莉的父母对她晓之以理、动之以情，就是不同意这件事，不仅如此，他们还发动了亲朋好友来劝她，面对现实，张莉彷徨了，她不知道该怎样选择。一边是自己的至亲，一边是自己的挚爱，她该怎么做呢？也许在这种情况下，大部分女孩都会选择结束这段感情，但张莉却没有，因为她不想给自己的人生留下遗憾，她要遵从自己内心最真实的想法。

终于，在无数次的纠结之后，张莉决定接受这份幸福。她啜泣着对家人说："李杰很优秀，非常乐观，生活和工作的态度都很积极，凡事总为别人着想，比很多正常人强百倍。聋哑人也是人，也应该拥有美好的爱情！"张莉的父母毕竟深爱着自己的女儿，张莉的话也给了他们很大的震撼，看着如此坚持的女儿，他们也只能接受了，于是大家约定了一个时间，准备先见上一面。

终于能让父母看见自己心爱的人了，张莉非常兴奋。为了能让李杰好好表现，张莉提前来到约定的地点，想先给李杰提个醒。张莉用简单的手语告诉李杰一定要好好表现，而李杰也用手语说："你放心，我会告诉他们，我要照顾你一辈子！"看着李杰真诚的笑脸，张莉感动得热泪盈眶，但心里仍有着深深的担忧。如果父母见到他不满意怎么办呢？在她思索之际，父母已经来了，听到那熟悉的声音，她喊了一句："我们在这儿！"

没想到话音刚落，张莉做梦也想不到的事情发生了——李杰放下手中的礼物，紧紧地抱住张莉问："原来你会说话？"这突如其来的一幕，让在场的人全都惊呆了。而这句话也正是此时张莉想问李杰的。

通过李杰的解释，大家终于明白是怎么回事了。

原来，李杰是一名懂手语的青年志愿者，那天他见张莉熟练地用手语给人指路，便以为张莉是个聋哑人。通过一段时间的接触，李杰深深地爱上了善良单纯的"聋哑女孩"张莉。李杰见张莉把自己当成聋哑人，为了缩短两人之间的距离，让张莉能够坦然接受自己，便索性隐瞒了自己是正常人的事实，并且，李杰还在与张莉交往的过程中努力说服了家人，勇敢地向张莉表达了爱意。

生活就是这样，它会给你带来遗憾，也会带来惊喜，关键在于要懂得减少遗憾，制造更多的惊喜，只有这样，你才能拥有美好的人生。人生中的岔路口比比皆是，如果你能始终坚持内心的那份执着，也许会减少很多本不该存在的遗憾。

人生百态，既有美好的回忆，也有深深的遗憾，但有些遗憾却是会让你悔恨终生的。就像张莉，如果她没有鼓起勇气接受这份感情，而是在现实的压迫下选择了放弃，那么她便会与这最后一刻的幸福失之交臂。若干年后，她再次与李杰相遇时，恐怕这段真挚的爱情也只能成为一个遥远的传说了。从现在开始，勇敢地走向通往你内心的路吧，那才是你幸福的源泉！

❓ 静静思考

1.你是否经常将"如果当初……"挂在嘴边？

2.在你已经走过的人生路中，是否会经常感觉到遗憾？

　有这种感觉时，你通常都会怎么做呢？

你需要一把"利器"

你的内心既可以成为武器摧毁自己，也能变为利器开创一片快乐的新天地。

生活，就是一个月接着一个月，一年又接着一年，不少人在这个周而复始的过程中，失去了自己原本想要的一切。人总有一种惰性，时间一长，就会失去对人生的新鲜感，往日的热情也随着岁月一起流逝，开始得过且过，糊涂度日。渐渐地，人生的巨轮偏离了原本的航线，当有一天蓦然回首，才发现为时已晚。若想让人生不偏离航线，请从现在开始，紧紧抓住你的舵，朝着心的方向勇敢前进！

小龙是一名极其普通的推销员，销售一直都是他的兴趣所在，但几年工作下来，个人能力却一直都没有太大的提升，还离自己设定的目标越来越遥远。由于业绩常年垫底，他被公司辞退了，这不禁让他陷入了沉思，他想了很多，把自己经历过的事情在脑海中都回忆了一遍。这时，在他脑中浮现出了两位认识多年的朋友的脸庞，他们都跟自己一样，是因为喜欢才选择了这个行业，但现在他们却比自己过得快乐很多。

　　这两位都是小龙以前的同事，如今他们已经开始自己创业，向事业的最高峰冲刺。小龙不禁扪心自问：论能力我和他们不相上下，我到底什么地方不如他们？经过反复地思考，他彻底地看清了自己，认识了自己，同时也发现了自己的很多问题。

　　小龙终于悟出了症结所在——自己不能做内心的主人。在人生的旅途中，他没有坚守住心中的那份希望，而是在纷乱的世界里遗忘了自己的初衷，以致落得一个被辞退的下场，但朋友们却没有，他们一直坚持着自己内心的信念，并努力成为希望中的自己，所以他们生活得幸福快乐。

　　那天晚上，小龙进行了深刻的自我检讨。他拿出了纸和笔，把自己入职以来的不足依次列了出来：不够自信、不思进取、妄自菲薄、得过且过……总结完自己的不足后，他痛下决心：从此以后，不忘初心，一定要做自己内心的主人，不断地完善自我，努力实现自己的梦想。这时，小龙才终于松了一口气，满怀着对未来成功的喜悦进入了梦乡。

　　几天后，做了精心准备的小龙怀着必胜的信心前去面试。

　　考官的第一个问题就是："你为什么要来应聘这个工作？"

　　小龙说出了自己的心声："销售一直都是我的兴趣所在，但这几年，我却在工作中迷失了自我，不知是上天安排，还是机缘巧合，我得知了贵公司的招聘信息，我知道，现在清醒还来得及，贵公司能促使我提高工作技巧，能给我再次施展才华的平台。每个人都会迷失自我，我已经错过了一次机会，请相信我不会再错过第二次了。"

　　这一番话，让考官们看出了小龙的真诚与自信，在对他仔细考查之后，他被顺利地录用了。当小龙得知这个消息后，他发誓不会再浪费自己的时间了。

在小龙到了新岗位的两年内，他坚持不懈地朝着自己的目标奋斗，并逐渐在客户中建立起了好名声，同事们也都认为他是一个乐观、机智、主动、热情的人。随后不久，公司的产品出现了问题，虽然公司全部召回进行了改良，但销售却一度陷入了低迷，这让销售人员受到了前所未有的严峻考验，但小龙却凭借自己在客户中的好人缘，为公司赢得了丰厚的利润。当然，公司也没亏待小龙，在进行制度调整时分给了他一笔可观的奖金。

不可否认，小龙是一名优秀的舵手，他在人生的航线即将要偏离轨道时，及时地改变了方向，让这艘生命之船驶向自己的内心。销售一直都是小龙的兴趣所在，因此他热爱这个行业。人毕竟不够完美，也许一群飞过的海鸥就能轻易吸引他的注意，他一不小心就放松了握着舵的双手，庆幸的是，他能及时地驶回原本的那条航线，让人生的巨轮始终朝着快乐进发。

人生就像一次航海，你的内心就是那个"舵"，作为舵手的你，一定要有一颗意志坚定的心。在迷途中，你更要深入地认识自己，正确地给自己定位，同时还要发现自己的不足，不断地完善自我。只有这样，才能在任何时刻都保持清醒，才能迅速到达你希望的彼岸。此时，也不能忽略内心的重要性，因为它就像一把钥匙，唯有借助这把钥匙，你才能在蜕变中得到新生，并最终实现你人生的目标。

? 静静思考

1.目前的工作或生活是否是你想要的？

2.对于你未来要走的路，你是否会感觉到迷茫？

第二章

快乐很简单，做回自己就行

人生就像一个舞台，唯有找到适合自己的角色，才能演绎出精彩的人生，但只有你自己才知道最适合演什么角色，也只有你能给自己一个准确的人生定位。倘若我们盲目地去追求那些所谓的名与利，即便让你成为第二个比尔·盖茨，也不见得就能获得内心的宁静，从此过上幸福快乐的生活。其实，快乐是件很简单的事，只要我们能做回自己就已经足够了。

别为盲从买单

在这个人云亦云的社会，不要盲从，勇敢地去做你想做的一切，做回真实的自己。

盲从已经成为一种通病，在现实的压迫下，人们似乎忘记了内心的需求，错将别人的追求当成了自己的梦想。其实，你内心的自己，才是真正的自己。可以说，从内心出发是你实现梦想最明智的举措，因为你必须知道自己喜欢什么、热衷什么，才能愿意为其花费精力，同时承担相应的责任，继而让人生路上的每一步都走得无怨无悔。

姚凡的母亲喜欢购买漂亮的衣服和时装杂志，她总能对当季最流行的服饰如数家珍。

受到母亲的影响，姚凡很小就对时装产生了浓厚的兴趣。二十岁那年，她拿着自己的服装设计草图给一位职业时装设计师看，还跟这位设计师谈论了很久，她独到的设计理念让这位设计师大为震惊，并破格聘请她为自己的助手，希望她能在闲暇时间来这里工作。父母得知消息后强烈反对，一致坚持让她以学业为重，不要分心搞设计。但姚凡却决定要抓住这次机会，因为她知道，这是一次机遇，不能错过。

就这样，姚凡开始了兼顾学习和设计的全新生活。对于时装设计的浓厚兴趣，使她总能保持最佳的工作状态，不断涌现出新的创意，特别是她敢于打破传统的设计，不断向新的流行趋势发出挑战，不固守死板的教条，而是从顾客的角度思考，什么款式的衣服和配饰才会使他们穿戴上后既舒服又不会落伍。

经过自己的努力，姚凡攒了一笔积蓄，这时她已在时装圈小有名气了，于是她想出来自己干，开一家属于自己的服装店，不再为别人打工。亲朋好友们得知这个消息后，都劝她不要冒这个险，毕竟她还年轻，以后有的是机会，但姚凡却坚持自己的想法，因为她不想浪费时间，她觉得想好了就应该去做，不能犹豫不决。

姚凡知道，要想在时尚界占据一席之地，就必须让自己设计的服装与时代相融合，于是她将这一理念通过时装作品表现了出来。为了保证作品在细节上的完美，从服装的制作到门店的运营，她都亲自监督，不敢有丝毫懈怠，这让刚创业的他获得了多名经销商的订单。

事实证明，姚凡当初的决定没有错，她三十岁刚出头，便拥有了自己的服装公司，虽然不是什么大品牌，却也有一批忠实的顾客。

不可否认，姚凡非常勇敢，始终坚持从自己的内心出发，并不在意别人的看法，想到了就去做，即便遭遇困难也能守住真我。但我们试着想一下，如果他不那么勇敢，没有遵从自己的内心，结局又会怎样？

其实人这一辈子最难做到的事，就是违背自己的内心，因为你若对一件事毫无兴趣的话，不仅很难坚持把它做完，甚至就连开始做都会显得极其困难。对此，我们可以从内心寻找兴趣，做自己想做的事，做自己喜欢做的事，久而久之，你便会认识到最真实的自己，从而描绘出梦想的基本轮廓。

我们绝不能将兴趣和一时冲动混淆在一起，真正的兴趣要与内心相连、与执着相伴，无论你的人生处于顺境还是逆境，你都不能轻易放弃自己想要的。具体而言，我们可以从以下问题来判定某些事物究竟是不是自己的兴趣所在：

它是不是你内心最想要的？

你对它的喜爱是否完全没有目的性？

它能否给你带来持续的快乐和幸福感？

你是否愿意为它付出自己一生的时间和精力？

即便它让你遭遇了困境，你是否还会继续坚持下去？

……

❓静静思考

1.现在的你，是否能够独当一面呢？

2.当你面临挫折或困难时，是否能勇敢地迎难而上呢？

定位很重要

　　要快乐，就要扮演适合自己的角色，只有你知道自己最适合扮演什么。

　　人生就像一个舞台，只有找到适合自己的角色，才能演绎出精彩的人生，但只有你知道自己最适合扮演什么，也只有你能给自己一个准确的角色定位。一个好的演员，首先要做的就是了解自己的性格、优势、弱势，让自己第一时间认清自己的价值，才能确保自己的演出资格。

　　人只有真正地了解自己，给自己一个准确的人生定位，才能收获快乐！

　　阿志非常喜爱音乐，如愿考上了一所音乐学院。在校期间他勤奋好学，但毕业后的现实却让他非常无奈，他没有找到与音乐相关的工作，只能去做销售员。起初，他是不愿意去的，但亲朋好友都说："现在的大学生有哪个是一毕业就能找到对口工作的，那些专业不对口的，不都在自己的岗位上干得好好的，你还挑什么啊？"的确，他对自己说：能有个工作养活自己就不错了，好好干吧！

　　进入公司后，同事们都对阿志很好，但他却依然每天都郁郁寡欢，因为他与自己挚爱的音乐错过了，他那么努力地考音乐学院，无非就是想实现自己的音乐梦想，让自己的才华得以发挥，但现在的工作与自己所学的音乐没半点关系。若继续这样下去，不但专业会荒废掉，他的梦想也不会实现。

　　阿志觉得，自己天生就是做音乐的！他的位置应该在音乐界。

　　于是，阿志在工作之余，开始寻找更适合自己发展的环境，可几经周折，却都是无功而返，尽管他才华横溢，但根本无人问津。好强的他暗暗发誓，一定要改变"英雄无用武之地"的现状，但怎样才能将所学的音乐用到现在的工作中呢？

　　皇天不负有心人，阿志的音乐梦还是迎来了转机。

　　那年的元旦晚会上，阿志无意中发现，公司里不乏一些跟他一样酷爱音乐又略懂乐器的人，此时的公司刚从低谷中走出，扭亏为盈，为了谋求更好的发展，企业正在大张旗鼓地宣传，想以此来提高产品的知名度，这是一个难得的机遇。

　　于是，阿志鼓起勇气找到了宣传部的主管，并提出了自己想为企业筹建一支乐队去参加省区音乐节比赛的计划。对于这位大学生用乐队来提高企业形象与知名度的提议，宣传部的领导们欣然同意，并给予了大力支持。随后，阿志便开始了自己的乐队之梦，跑基层、寻人才、买乐器、办培训，那些日子，他几乎每天只睡几个小时，有时累得站着都能睡着，尽管如此，他却乐此不疲。

　　阿志对音乐的执着也有了回报，他组建的乐队每年都能在音乐节上拿到名次，并且乐队的演奏水平也获得了不少音乐机构的认可，而他自己更成了全市知名度颇高的乐队经理。

每个人都应该根据自己的特长来设计自己的人生，但前提是你必须先了解你的长处，再充分发挥它的作用，如果你不了解自己的长处，只凭自己一时的兴趣和想法，那么定位就会不准确，有很大的盲目性。很显然，阿志在这方面做得很好，他知道自己的兴趣，更了解自己的长处，因此他给了自己一个准确的定位，不仅实现了自己的梦想，还让自己过上了充实而快乐的生活。

每个人都应该尽力找到自己的最佳位置，找准属于自己的人生跑道。要知道，如果你的方向不对，那么你所有的努力便都是白费，人不仅要善于观察世界、观察事物，更要善于观察自己、了解自己，唯有如此，才能根据自己的条件、才能、素质、兴趣等确定前进的方向。那么我们该从哪些方面来了解自己呢？请看心理学家们归纳的选择标准：

1. 你曾经学习了什么？

在大学里，你从专业学习中获取了些什么？包括各种证书，所掌握的一些基本知识。入职后，你又积累了什么经验，掌握了哪些技能？越详细越好。

2. 你最优秀的品质是什么？

不要敷衍，详细地描述自己，并把你的这些优点逐条写在纸上。给自己写一封自我推荐信，然后与自己谈话，排除其他杂念。

3. 你最成功的地方是什么？

你做过的事情中最成功的是什么？你是如何成功的？通过分析，你可以发现自己的长处，如坚强、自信、智慧超群等，我们可以以此培养自信以及挖掘自身的闪光点，形成职业设计的有力支撑。

了解自己，不仅要了解自己的优势，更要了解自己的缺点：

1. 你的性格有什么弱点？

人无法逃避自己的弱点，这就意味着你在某些方面存在着不足。安下心来跟别人好好聊聊，看看别人眼中的你是什么样子的，与你的预想是否一致，找出其中的偏差并弥补，这将有助于提高自身的能力。

2. 如何面对自身的缺陷？

有缺陷并不可怕，可怕的是自己还没有认识到这一点，或即便认识到了却一味地不懂装懂。正确的态度是：认真对待自身的缺陷，不害怕也不遮掩，努力去克服和提高。

3. 你最失败的地方是什么？

许多人都不愿回忆失败的经历，现在，到了该正视自己的时候了！将自己认为最失败的几件事一一列出来，找出失败的原因，多检讨一下自己。

? 静静思考

1.你是个喜欢回忆的人吗？

2.你的优点和缺点分别是什么？你想怎样让它们进行互补呢？

自己才能救自己

当厄运找上门时，没有人能够帮你，只有你自己！

人生难免会遭遇不幸，但别人的帮助毕竟是有限的，唯有你自己，才能冲破重重阻力，战胜这一切的苦难，驾驭命运之舟驶向美好的明天。一个人生理上的缺陷并不可怕，可怕的是内心的消极想法，它会吞噬所有的幸福和美好，反之，一个始终保持积极心态的人，不仅自带能量，还能超越自我，制造前进的动力，最终成就自我！

李向阳是个妇产科医师，他事业正如日中天时，上帝却对他开了一个恶意的玩笑，他不幸遭遇车祸，失去了右手，这意味着他不能再当医生了。

"未来和右手，一起在事故中摔得粉碎。"李向阳悲伤地说，"没有了右手，我失去了人生目标。我的父母都是医师，我继承了他们的衣钵，我热爱我的职业，我不想改做其他的工作。但我现在已经完了，不再有前途，不再有快乐，也不再有梦想。"

　　然而上帝的恶作剧仍在继续，李向阳的太太被诊断出子宫癌，必须马上手术。李向阳说："我想逃离现实，我想放弃一切，但为了三个还在求学的孩子，还有我亲爱的太太，我无法逃避。"他不得不把眼光瞄准医学以外的行业，试图寻找一份工作，但他已经四十多岁了，没把握去掌握一门新技术。

　　"律师这个职业我略有研究，但要进入这个领域，我不得不花上好几年去学习和实践。"李向阳说，"但我太太需要照顾，我的孩子需要抚养，我没有时间和精力潜心学习。"随后，朋友们给他介绍了许多工作，他自己也在网络上寻找，但都没有找到让自己称心如意的工作。

　　就这样过了很长一段时间，李向阳做了很多零碎的工作。辗转了多个行业，他发现自己还是最适合医学，唯一的办法就是教书。

　　于是，李向阳找到了以前教过自己的教授，教授对这个杰出的学生记忆犹新，也很同情他现在的遭遇。两周后，这位教授打电话给李向阳，告诉他学院的妇产科正好有个讲师的空缺，问他是否有兴趣。李向阳整个人愣住了，他不假思索地接受了这个工作。

　　就这样，李向阳成了一名尽职尽责的教师，而且他丰富的临床经验也有了用武之地，他很快喜欢上了自己的新职业，并从教导学生中得到了成就感，这种感觉丝毫不比当初他做医生时逊色。"当我看到我的学生毕业，然后进入社会时，就好像过去看到新生儿诞生那么高兴，从事自己热爱的事业，果然能让人心满意足！"

现实生活中，像李向阳这样连遭厄运的人不在少数，然而却并不是每个人都能像他这样。他知道什么能让自己快乐，什么能激发他的斗志，什么能让他勇敢地战胜苦难，很显然，李向阳是一个乐观的人。

有些人遭遇厄运后，非但没有倒下，反而还创造了新的辉煌。这中间的道理并不复杂：为了摆脱厄运带来的伤痛，他们想尽千方百计让自己快乐，于是他们比别人更注重自己内心的感受，以致将隐藏在内心深处的潜力和智慧充分调动了起来，用顽强的意志与命运抗争，最终创造了人们看见的奇迹。

人生是一次单程旅途，你可以不问目的，不管沿途的风景，但你一定要跟随内心的指引，坐上自己向往的那趟列车。尽管人生充满磨难，生活也多是琐碎，生命迟早都会消逝，但如果你忽视内心的向往，便会沦陷在灰色的空间，请记住：心是快乐之根，只有它才能带领你找到属于自己的幸福！

❓ 静静思考

1.当你计划一次旅行时，你在意的是什么？是目的、风景，还是自己的心情？

2.如果有一天，你遭遇了不幸，你会怎样对待生活呢？

最大的敌人是自己

　　人生是一个不断战胜自己的过程，每一次自我挑战都能让你收
获不一样的快乐。

你的每一次成长都是一种自我超越的过程。

是什么让你从蹒跚学步的幼童，成为可以承担责任的大人？这是你努力朝
着希望中的自己靠拢，是你不断战胜自己后收获的果实。人生的每一个阶段都需
要我们挑战自己，不断超越自己。很多时候我们的心灵都很脆弱，这时，便需要
你学会坚强，学会战胜心中那个懦弱的自己！

　　大学毕业后，阿富去了国外进修，说是进修，其实就是想要一个"海
归"的头衔。几年后，他回国去了父亲的公司，由于刚刚开始，他什
么都不懂，父亲给了他一个区域经理的职位，但他自己知道，这些年
自己什么都没学到，因此他总觉得低人一等，而对于这个职位，他更
是非常在意。

　　正因为如此，每次开会时，阿富都很不自信，觉得自己无法胜任

区域经理这一职位。由于心虚，在会议上，他对每一个议案都草草了事，要不就直接推给下属去做，自己从不真正地去处理。久而久之，下属们便把他当成了一个摆设。

面对员工们的无视，阿富既愤怒又无可奈何，他知道自己说话没分量，在各分区经理眼中的威信也很低，甚至连最起码的尊重都没有。这样的生活让阿富备受煎熬，为了缓解内心的痛苦，他发誓一定要做点什么改变这一切。阿富尝试着自己处理公司的事务，并虚心地向前辈们请教，他还开始钻研行政管理，遇到难题便去询问自己的父亲……

阿富的改变，大家看在眼里，记在心里，渐渐地，员工们不再将他视为摆设，而他也乐于帮大家解决难题。一年后，阿富已完全胜任区域经理的职务，并且还获得了同事们的喜爱。

人生是一场漫长的马拉松，当你止步不前时，别人已将你远远地甩在了后面，这场比赛，谁都不知道后面会发生些什么，也许下一秒你就能收获惊喜，当然也可能是遭遇挫折。对此，你必须学会认准自己的目标，做你想做的事情，不要去在意别人的状态，只要你能达到自己心中的目标就可以了。

在人生这场马拉松比赛中，你首先要做的便是学会独立面对比赛。如果可以把自己看作竞争对手的话，那么你的人生便再难有其他对手，我们也不会陷入与他人盲目比较的误区，从而忽略了自己的每一次进步。与自己比较，不断超越自己，就可以使自己从以往的失败与困惑中走出来，积极迎接明天的不确定，即便是遇到不如意的事，也能勇敢地面对。

怎样才能做到这一点呢？请看以下建议：

1. 暗示自己，你可以独立

你要随时让自己知道，你已经是成年人了，必须独立了，还要不断地暗示自己，你可以独立。这种积极的暗示能给你一些力量，当你遇到困难时，不再第一时间去找朋友或父母，而是试着自己思考，并独立解决！

2. 努力学习，提升自己的能力

俗语有云：活到老，学到老。唯有丰富的知识才能支撑你的梦想。当然，这里说的学习并不是让你漫无目的地学，而是有选择性地学习，学习一些对你有用的知识，并确定自己的学习目标，一定要明确自己要学习的内容，做好充分的准备，积极地去观察、思考，掌握适合自己学习的好方法。

3. 加强自我约束，学会独立生活

走进社会后，便意味着你必须离开父母，所以一定要注意加强自我约束，不断提高独立生活的能力，并为之做好心理准备。现代社会，也许正在流行花明天的钱做今天的事，但在花钱上，也要注意精打细算，尽量给自己留点积蓄，以备不时之需。

❓ 静静思考

1.你喜欢看书吗？你喜欢利用业余时间参加一些培训吗？

2.你现在能够掌控自己的生活吗？

剪掉心灵的脐带

独立，就是剪掉心灵的脐带，即剪掉依赖别人提供营养、力量的"管道"。

"脐带"是每个人出生之前，在母亲肚子里时，供给营养的唯一管道。你出生后，医生会帮你剪断生理上的脐带，开始生理上的独立。有些人生理上的脐带虽已剪断，但心灵上还停留在依赖他人提供营养和力量的阶段，这说明还没有独立。一个真正独立的人，绝不会被动地听从命运的摆布，而是自己掌控自己的命运，做自己命运的主人，成为真正的自己。

何斌是一个勤劳的农村小伙，经常帮父母解决难题。一天下午，他怯生生地问父亲："爸爸，明天我可以休息一天吗？"

父亲是一位老实巴交的农民，他惊讶地看了一眼儿子，这可是农活儿最忙的时候啊，小伙子少干一天，就可能影响一家人的生计。但是儿子期盼而坚决的目光让父亲不忍拒绝，要知道何斌平时可不是这样的，于是父亲爽快地答应了这个要求。

第二天一早，何斌早早地起床，赶了十千米崎岖泥泞的山路，匆匆来到市里的一所学校，参加高考。

何斌自从读完初中后，就没有真正地上过学，他只有在冬天比较清闲的时候才能挤出三个月的时间认真地学习。而在其他的时间里，无论是耕田还是干别的农活，他都一遍遍默默记单词或背诵课文，直到滚瓜烂熟为止。休息的时候，他还到处借阅书籍，因此汲取了大量的知识。他之所以如此勤奋地学习，是因为他想做一个有出息的人，不想一辈子都待在这个小村庄。

何斌不但自学了高中的课程，现在还想上大学。他之前向父亲请假就是为了去参加高考。父亲得知这件事后，特意在录取通知书寄到邮局的那天又给他放了一天假，让他去取录取通知书。那天深夜，何斌拖着疲惫的身体回到家，父亲还在院子里等着他。

"好样的，孩子！"父亲听到他通过考试的消息，高兴地赞扬道，不过一会儿却又沉重地说道，"但是孩子，我没钱供你读大学啊！"

何斌回答："没有关系，爸爸，这件事我已经跟学校说了，学校不但减免了我的学费，还在图书馆给我安排了一个兼职，只要我成绩优异，每年还可以再领一笔奖学金，根本不需要家里出什么钱。"

就这样，何斌又顺利地读完了大学。当他长大成人后，靠着自己的勤劳积攒了一笔学费，并以优异的成绩毕业。完成学业后，何斌便去了市里工作，勤奋努力的他，凭借着自己的聪明才智，从一个普通的小职员，一步一步成了部门经理，他的理想也终于实现了。

与何斌相比，生活优越的我们已经很幸运了，只可惜这种幸运非但没给我们带来独自解决问题的能力，反而让我们习惯了依赖。我们必须接受生命中的所有挑战，当然，前提是你要先学会自立，不仅要从生理上剪断脐带，更要从心灵上剪断这条"脐带"。

要独立，首先要学会承担，因为独立是从承担开始的。也许在你面对难题时，已习惯了寻求别人的帮助，但别人的做法是你内心的想法吗？如果不是，那么你将来一定会后悔，只有你知道自己的想法，别人的意见只能作为参考，别人不可能代替你活着，只有你明白自己的需要，你要自己解决困难。从别人为你承担转为自我承担，这是独立在行动上的关键一步。

其次，就是要成为你自己。你要明白自己是独一无二的，必须学会善待孤独。生命的核心，其实就是如何面对孤独。善待生命必须善待心灵、善待孤独。只要你能够善待孤独，就能善待心灵；只要你善待心灵，就能很好地善待生命。

最后，实现独立关键是要寻找和塑造真实的自我。人们常常将"自我"挂在嘴边，但要警惕：通常人们说的"自我"，并不是真正的自我，而是别人赋予的"自我"。或者说，虽然这表面上是你认为的自我，但实际上，却是一个没经过自己认真思考，只是按别人的标准所塑造的自我。

真正的自我，应该是独一无二的，是最能体现你的潜能与个性的，是你自己内心希望的自我！

? 静静思考

1.你害怕孤独吗？是不是一个人的夜晚总是睡不着？

2.对于责任，你会怎样诠释？

第三章

很多时候，
烦恼都是自找的

人生要面对不胜枚举的困惑，很多人因此愁白了自己的头发。其实，大可不必如此，有梦想就赶紧去实现，有困难就想办法解决，何必杞人忧天、自寻烦恼。很多时候，阻挡我们前进的脚步的，往往不是我们自身的实力，也不是那些所谓的限制条件，而是缺乏自信和勇气的自己。

你真的懂自己吗？

面具戴久了，往往会让人忘记自己本来的容貌，唯有走进内心，才能还原真实的自我。

生活的历练总会抹去我们的棱角，但与此同时，往往也会抹掉一些我们自身的优点，例如自信。当我们经历了一次又一次的打击后，便会下意识地怀疑自己、不相信自己。

这时，你必须尽可能去看到自己美好的一面，因为只有懂得欣赏自己的人，才能得到别人的欣赏！

小柔从小就敏感而腼腆，还有点自卑，这是因为她一直都比较胖，长大后，小柔结婚了。丈夫的家人都很好，小柔想融入这个家庭，尽了自己最大的努力，但她却怎么也做不到。

小柔深知自己的弱点，也知道自卑不好，但却无能为力，并且她很害怕丈夫会发现这一点，所以每次他们一起出现在公共场合时，她都装得很开心的样子，但事与愿违。事后，小柔每每都会为此难过。

长此以往，小柔内心的自卑感越来越强烈，甚至不敢再跟丈夫一起出门。

但后来婆婆的一句话却改变了小柔的一生。

那天，婆婆正在谈自己的育儿经验，她说："不管事情怎么样，我总会要求他们保持自己优秀的性格，如果自己都觉得自己不优秀，别人就更不会发现你的优秀了。"后来，婆婆那句"保持自己优秀的性格"一直在小柔的耳边回荡，细细地品味后，她在一刹那顿悟了，原来自己一直因为肥胖而自卑，从而忽略了生活更多的美好，自己其实也没有那么糟糕。

接下来，奇迹发生了。她不再像以前那般生活了，而是试着了解自己的个性、自己的优点，并尽最大的努力去学习色彩与服饰知识，尽量以适合自己的方式去穿衣服。为了锻炼自己，她开始主动结交朋友，还参加了社区组织的活动，慢慢地，她开始参加各种各样自己喜欢的社团。

不仅如此，小柔还在社团里发言，她的每一次发言都会为自己增加一些勇气。那段岁月，是小柔一生中最快乐的时光，她从来都没有想过，自己能得到这么多的快乐。后来在教育孩子时，小柔也总将自己从痛苦到快乐的经验传授给他们：保持自我本色，自信快乐地生活。

人是一种有理想、有目标、有追求的高级动物。在这个世界上，每个人都是独一无二的，我们有理由保持自己独特的个性，而不该轻易怀疑自己。人生如白驹过隙，我们应该为自己而活，应该尽量利用大自然所赋予的一切去享受生活，而不是在别人的眼光中屈服。

不可否认，发现自己的长处是自信的基础，但在这个复杂多变的社会中，不同环境显露自己优点的机会并不相同。例如，一个体育与文化课都非常好的学生，当他在注重文化课的学校里时，自然会显露出他成绩好的优点，而他同样优秀的体育，则未必会被人发现。

此外，在我们的现实生活中还存在着适应环境的问题。

人是社会的一分子，不可避免地会受到某些因素的干扰，进而影响自己的自信，而引导人们排除客观因素的心理是决心和恒心，但信心却是决心和恒心的原始能量。我们都难免会有偶尔失去信心的时候，这时我们要做的，不是任由这种状态持续，而是应当立即采取行动，让自己恢复原本的信心。

相信在这个世界上像小柔这般没有自信的人并不罕见，如果他们不懂得发现自己的优点，那么这一生都不会感觉到幸福。生活需要一种正确的态度，而自信则是人格的"感应器"，可以直接影响到人生的喜怒哀乐。你必须认识自己、发现自己、战胜自己，因为只有你才是自己人生的主人，也只有自信才是迈向快乐的最佳跳板。

当我们在评价自己时，不妨多换几个角度，多采取几种方式，使自己的形象更"立体"，如此一来，我们便不难发现自己的优点，甚至可能还会意外地发现，原来自己的优点和长处竟如此之多。一时的迷茫并不代表永远，一时的失去也不代表未来不会拥有，关键是要看你怎样去找回那些原本属于你的东西。

所以，请相信自己，你就是最优秀的人！

? 静静思考

1.你觉得自己是个平庸之辈，还是一个人才？

2.你是否了解自己的长处，并能充分地发挥它？

为什么会输?

面对机遇，我们往往不是输给了困难，而是输给了自己。

现实生活中，当我们面对机遇时，有时并不是由于自己没有能力而不能抓住它，而是自己将它想得太复杂，不敢去面对，也不采取积极有效的行动，最后丧失了良机。很多时候，我们往往不是输给了困难，而是输给了不自信的自己，因为我们低估了自己的能力，以致轻易地选择了放弃。

苏格拉底在风烛残年之际，知道自己的时间不多，就把助手叫到床前说："我的蜡烛所剩不多了，得找另一根蜡烛接着点下去，你明白我的意思吗?"

"明白，"助手赶忙说，"您的思想光辉是得很好地传承下去……"

"可是，"苏格拉底慢悠悠地说，"我需要一位最优秀的传承者，他不但要有相当的智慧，还必须有充分的信心和非凡的勇气……你帮我寻找一位这样的人选，好吗?"

"好的，好的。"助手非常庄重地说道："我一定竭尽全力地去寻找，绝不辜负您的栽培和信任。"

苏格拉底笑了笑，没再说什么。

这位忠诚而勤奋的助手，不辞辛劳地通过各种渠道四处寻觅。可他领来一位又一位，都被苏格拉底一一婉言谢绝了。当这位助手再次无功而返地回到苏格拉底的病床前时，病入膏肓的苏格拉底硬撑着坐起来，抚着那位助手的肩膀说："真是辛苦你了，不过你找来的那些人，其实还不如你……"

"您放心，我一定会加倍努力，"助手言辞恳切地说，"即使找遍城乡各地，找遍五湖四海，我也要把最优秀的人选挖掘出来，举荐给您。"

苏格拉底笑笑，不再说话。

半年之后，苏格拉底眼看就要告别人世了，最优秀的继承人选还是没有眉目。助手非常惭愧，泪流满面地坐在病床边，语气沉重地对他说："我真对不起您，让您失望了！"

"我是很失望，但你最对不起的却是你自己。"苏格拉底说到这里，很遗憾地闭上眼睛，他歇了许久后，才又慢悠悠地说："本来，最优秀的人就是你。只是你不敢相信自己，才把自己给忽略了……其实，每个人都是最优秀的，差别就在于如何认识自己、如何发掘和重用自己……"话没说完，一代哲人就永远离开了他曾经深切关注着的这个世界。

从上面的事例中，我们不难看出，其实苏格拉底早就选好了继承人，那个人就是助手，只可惜这位助手不够自信，他不相信自己就是苏格拉底心目中的人选，以致白白错过了成为伟大哲学家继承人的机会。不可否认，在像苏格拉底这般优秀的伟人面前，我们难免会怀疑自己的能力，但当机遇摆在我们眼前时，我们要做的不是贬低自己，而是充分挖掘自己的潜力，让自己变得更加自信，因为聪明的人，总能看清自己的实力，并坚定地相信自己。

在现实生活中，当你不自信时，常常会找理由，如我的智商没有别人高、我吃不了苦、我天生就腼腆、我不善于与陌生人打交道……这些理由往往会使自己的懦弱显得理所当然。实际上，只要你看清自己、相信自己，并积极去做，便能够击败很多种"不可能"，使你变得比自己想象中更优秀。

在这个世界上，没有相同的两片树叶，也没有相同的两个人，你有你的长处，别人有别人的长处，不用跟别人比较，更不用因此而自卑，而人生的意义，就是将自己的才能发挥到极致。

不用怀疑自己的优秀，每个人都可以是天才，请相信自己！

？静静思考

1.你是否经常羡慕别人的才华？

2.你觉得自己优秀吗？为什么？

你有没有自己的标准？

这个世界，有多少种人就有多少种标准，众口难调，但你的标准由你自己来定。

生活中的我们，总是太在意别人的看法，但众口难调，一味地听信于人，只会令我们丧失自我，从而变得患得患失、诚惶诚恐。有的人一辈子都活在别人的阴影里，过度在乎周围人对自己的态度，但你自己呢？人生是你的，不是别人的，你的标准还需要别人去定吗？当然不需要！所以，"走自己的路，让别人说去吧！"

王学东三十多岁，一直未婚，他内心自卑，感觉自己的生活也一直沦陷在绝望之中。他每天照常上班工作，但下班后便将自己关在房间里，几乎不怎么出门，也没有其他的活动。他换过很多职业，可每次都干不了多久，之所以会这样，是因为他觉得自己有缺陷，他的牙齿比别人长得丑了一点儿，耳朵也比正常人大了一点儿。

因此，王学东觉得自己丑陋、长相滑稽，他总觉得有人在嘲笑自己，或背地里议论自己。时间越长，他的这种想象就越发强烈。实际上，王学东的面部缺陷并不严重，他的牙齿就是普通的"龅牙"，他的耳朵虽然有点儿大，却不会引起过多的注意。但王学东自己却不这么认为，每每想起小时候同伴们的嘲笑，工作后同事们的玩笑，他都坚信自己就是一个丑陋的"怪物"。

为了让王学东走出自卑的阴影，家人带他去了一家外科整容医院，希望通过手术的方式让他获得自信。整形医生看到王学东的样子之后，认为王学东没有必要整形，他并不丑陋，也不奇怪，只是他自己的主观想象扭曲了自我形象。他首先要解决的应是心理问题，而不是面部问题。

之后，王学东来到了附近的一家心理诊所，在专家的指导下，家人带着王学东去了残疾人活动中心。

在那里，王学东简直不敢相信自己的眼睛，因为他看见盲人在读书；没有手臂的人在用脚写字；少了一条腿的人坐在轮椅上打乒乓球；很多聋哑人聚在一起用手语交谈。他们从不在乎别人的眼光，甚至还会迎着目光给你一个微笑。

而王学东最大的收获是来自和一个姑娘的交谈。这个姑娘原本是舞蹈中学的一名学生，但是在一次车祸中失去了右腿，从此只能依靠轮椅生活，再也不能跳舞蹈。小姑娘说："生活就是这样，我没有办法避开苦难，我能做的就是接受，更加努力地去生活。每个人生而不同，我不会羡慕别人，因为我知道我有自己的价值。无论遇到什么困难，不管别人怎么看，我都会尽情活出自己的风采。"

听后，王学东感触颇深。他逐渐意识到自己内心早已形成一套自动否定的机制，长此以往会非常危险。于是他开始重新审视自己，为自己建立了新的自我形象。之后，他渐渐地恢复了自信，也不再害怕别人的目光。

　　人生就像一场戏，而你就是导演。上演喜剧还是悲剧，都由你自己决定。不需要太过在意别人的看法，他人的标准不应成为禁锢你的绳索，因为你自己的心才是人生的牵引线。无惧他人目光，按自己内心的准则步步前行，自信些，勇敢些，绘出属于你的灿烂人生。

　　王学东就是一个很好的例子，他习惯于用大众的审美标准批判自己的长相，导致自己长时间陷入自卑的"魔咒"很难走出，在受到残疾人的触动之后，他开始放下心理包袱来重新审视自己，最后收获了更多的快乐。

　　在这个世界上没有一成不变的事物，只要你相信自己，时刻都在努力地充实自己，提升自己，那么终有一天，你会成为理想中的自己。

> **❓ 静静思考**
>
> 1.你觉得做人是否需要一个标准？如果是，那你的标准
>   是什么？
> 2.你觉得自己能够创造奇迹吗？为什么？

也许你从没信任过自己

不要轻易否定自己,给自己多点信任,也许人生就会多些可能。

提及信任,人们思考的对象往往都是别人,却全然没有考虑过是否信任过自己。当机遇摆在自己眼前时,很多人不是选择放手一搏,而是瞻前顾后地犹豫不决,其实归根结底,还是不信任自己。不信任自己有能力胜任这项工作,不信任自己能顺利地完成任务……其实,只要我们能坚定地相信自己,即便在前进的道路上会遭遇阻碍,也能激发自身的潜力去顽强拼搏。

李玫就读于一所普通的大学,临近毕业,她带着对梦想的憧憬,走进了人才市场,想要寻觅一份适合的工作。一走进大厅,只见整个会场人头攒动,她转了一圈,发现有一家跨国公司的展台前竟无人问津。李玫好奇地走过去看了一眼,原来这家公司所招的业务员,要求是清华和北大的毕业生,并且还需要有八年以上的工作经验。条件如此苛刻,难怪大家会望而却步了。看到这里,李玫转身想走,但转念一想:这工作挺有吸引力的,工资待遇也不错,如果就这么错过了，的确有点可惜，他们不就是招聘普通业务员嘛，我就不信自己不行！

于是，李玫心一横，径直来到应聘桌前。主管指了指招聘启事："看过了吗？"

"看过了，不过有点遗憾，我一来不是名牌大学毕业，二来没有工作经验。"李玫不慌不忙地回答道。

主管一听这话，打量了李玫好久才说："那你居然还敢来应聘，不怕吃闭门羹吗？"

李玫微微一笑，说："因为我喜欢这份工作，虽然没有工作经验，但我觉得我完全有这个工作能力。学历是能力的一种参考，但绝不是唯一的参数，而经验也是在过程中形成的。"这时，李玫停了停，然后接着说，"如果我具备你们所要求的那些条件，我就不会来应聘一个普通的业务员了。"

主管听完李玫的话，非但没有生气，还出人意料地收下了李玫的简历。第二天便通知李玫前来面试，并且被成功录用。后来李玫问其原因，主管说："那些招聘条件，只不过是故意设置的门槛，谁有挑战这一门槛的勇气和自信，谁就有可能是我们所需要的人。"

很多时候，绊住我们脚步的，往往不是我们的实力，也不是那些所谓的限制条件，而是自己的勇气。敢想，更要敢做，这样才能摆脱困惑。

我们试着想一想，假如李玫没有勇气去应聘，她还能获得这份工作吗？很明显，答案是否定的。而她的勇气正是源于自信。这是一个需要自信的时代，但自信却不能只停留在心里，还应该体现在行动上。

究竟怎样才能培养自信呢？心理专家为我们提供了几种方法，你不妨试一试。

　　1. 挑前面的位子坐

　　无论是工作还是生活，大部分选择坐在后排座位的人，一般都害怕"引人关注"，而这种行为就是对自己缺乏信心的表现。

　　因此，不妨从现在开始，尝试选择靠前的位置坐，将有助于建立你的自信。

　　2. 练习正视别人

　　一个人的眼神可以透露出许多信息。通常不敢正视别人会给人传递一种"我很自卑、我不如你、我有点怕你"的信息。正视别人能提高你的信心，你正视别人，就等于告诉他：我很自信，而且很真诚，请相信我告诉你的话都是真的。我光明正大，毫不心虚。

　　3. 加快你走路的速度

　　日常生活中，你也许会发现，那些遭受打击、被排斥的人，走路都有点拖拖拉拉，完全没有自信。而有自信的人，一般走路都会比别人快。心理学家指出，改变人走路的姿势与速度，可以在一定程度上改变他的心理状态。如果你每天抬头挺胸走快一点，就能感受到自信心正在你的内心滋长。

　　4. 练习当众发言

　　在工作中，我们常常会看到，自信的人总会胸有成竹地当众发表自己的意见和看法，而缺乏自信的人，往往会担心自己的提议愚蠢，或者害怕无人支持而选择沉默。其实完全没有必要，只要你能大胆地说出来，总会有人懂得欣赏。

5. 多用肯定的语气

其实，世界上很多事物都有不确定性，并不是单纯的非黑即白，只要你认定是对的，那么总会有人同意你的观点。专家指出，经常运用肯定的措辞，可有效增强自身的说服力，从而提升自己的信心。因此无论何时何地，要多运用肯定的语气，帮助自己驱除内心的自卑感，从而收获自信的人生。

6. 做自己力所能及的事

当你不自信的时候，与其急于恢复形象，不如做一些当下力所能及的事。你可以先记下你能做到的事，然后迅速实施行动，这些事可以不伟大、不轰动，只要是自己可以完成的，就足够了。因为这样你会发现自己并不是一无是处，每完成一件事，你就会产生小小的成就感，而这些感觉将大大提高你的自信心。

? **静静思考**

1. 当你所在的团队面临困难时，你是否能勇敢地说出自己的解决方法？
2. 对于你想做的事，是否都已经付诸行动了？

你只需要一点点信心

无论生活给予你什么难题，请相信自己，你就是最出色的那一个。

也许你不相信，但这却是不争的事实：人人都有自卑情结，只是程度不同罢了。强者总能千方百计地甩掉它，弱者却任由自己越陷越深。

强者并不是没有消沉和失望的时刻，只是他们不会沉溺在痛苦中无法自拔，他们会在强大内心的指引下重获新生。人生的旅途总是布满了挫折和坎坷，它考验着人们的意志，将弱者摔得一蹶不振，却把强者送上了理想的顶峰。所以，请相信自己，你就是最出色的强者。

二十五岁那年，身边的同伴们都有了男朋友，但王馨却一直都没有。这天，王馨正在街上遛弯儿，耷拉着脑袋的她，看上去心情非常低落。突然，一块写着"吸引异性的法宝"的招牌吸引了她，使得她不由自主地走进了这家小店。只见小店的展台上摆放着一些精美的发饰，王馨的目光被一个粉色带钻的小蝴蝶结发饰吸引了。

"你的眼光真好，这个对你来说再合适不过了。"女售货员说。

　　"不，我不能戴这个。"王馨连忙回答道。

　　售货员看着王馨说："你有一头乌黑的头发，戴上这个蝴蝶结一定很美！"

　　王馨心动了，于是她买下了这个蝴蝶结，并将它小心地戴在了头上，高兴地走出了商店。

　　王馨走在路上，感觉很多人都在看自己，她觉得一定是蝴蝶结在起作用，于是她抑制不住喜悦，脚步也变得更加轻快。一不小心和对面的人撞了个满怀，王馨连忙道歉。

　　"王馨，怎么是你啊？这么着急去哪儿啊？"王馨抬头一看，竟然是她心仪已久的男孩——阿俊。

　　"我刚才把东西落在图书馆了，正赶着去拿呢！"王馨胡乱编了个理由。

　　"是吗？真巧啊，我也正想去图书馆找资料，咱们一起吧！"阿俊说道。

　　王馨本想拒绝，但突然想起了头上那神奇的蝴蝶结，顿时充满了自信，回答道："好啊！"

　　就这样，两个人说说笑笑地来到了图书馆，并一起度过了一个美好的下午，临分别时，阿俊还主动提出要送王馨回家。回到家，王馨想在镜子里看一下自己戴着蝴蝶结的模样，但令她意想不到的是，头上什么都没有——原来蝴蝶结在她和阿俊撞在一起时就已经掉了。

　　自信对人的一生至关重要，有了自信，你会发现世界处处都充满了阳光。而缺乏自信的人，看到的只有隐藏在阳光下的影子。就像事例中的王馨，其实她原本就是一个出色的女孩，但长期的自卑却让她怀疑自己的魅力。

这个世界最神奇的魔力就是你的自信心。在我们身边，还有很多自卑的人，只是他们没王馨这么幸运，仍然还在饱受自卑的煎熬，倘若你也是他们中的一员，不妨采取积极暗示法来结束这种折磨，即经常告诉自己："我一定行！""我是最棒的！"……久而久之就会发现：原来我一直都是最出色的！从此，你会认识一个完全不一样的自己，你的人生也将开启一段新的旅程。

人生是一道美丽的风景，不要因为自己的不完美而忽略这一生的美景，更不要在错过后才知道机遇的宝贵。你要做的是从现在开始给自己信心、给自己勇气、给自己力量、让自己变得不一样，充分发挥自己的才能，让自信成为幸福人生的助力！

> **❓ 静静思考**
>
> 1.你觉得自己最出色的地方是哪里？
>
> 2.你是否相信无论面对多大的难题，自己都能够解决呢？

自愈是很大的本领

当我们被伤痛包裹时，与其苦苦等待别人的施救，不如自己想办法拯救自己。

依赖是人的一种惯性，小时候我们依赖父母，长大了依赖朋友，而当我们老了又依赖子女，虽然这种依赖能让我们获得情感上的满足，但遇到挫折或打击时，我们真正能依靠的，却只有自己。因为只有自愈，才能从根本上解决问题，否则便只是暂时的忘却而已。

晓云出生在一个单亲家庭，小时候，当同学们围在一起谈论父亲时，她总会默默地走开，因为害怕别人看不起她，渐渐地，她开始习惯了远离人群。

毕业后，晓云到广东一家电子厂做女工，跟几个工友分到了同一间宿舍。工作后，晓云不善交际的缺点更加显露无遗，她与别人的交往大多建立在若即若离之间，不太热情，但也不会太冷淡。

由于平日里晓云对室友一直都不温不火的，所以室友们的活动也很少会邀请她。其实晓云也想过融入她们，只是从小的经历让她习惯了封闭自己，习惯了独来独往的生活，她害怕遭到别人的拒绝，更害怕自己承受不了这样的结果。

那天，室友们一起去看电影，只有晓云一人在宿舍里看书。室友们回来后，其中一个室友发现自己放在桌子上的两百元钱没了，室友们不约而同地看向晓云，看得晓云心里直发麻。"不是我"，晓云对他们说。

"这屋里可没有别人，这钱也不会长脚自己跑了，刚才我们都出去了，谁干的谁心里有数！"室友坚决地认为就是晓云干的。

原本就委屈的晓云实在憋不住了，说道："钱是不是长脚跑了我不知道，但我知道这钱不是我拿的，谁都别想冤枉我！"

另一个室友接过话，说道："这屋里就住着我们几个人，我们都不在，不是你还能有谁啊！"

"钱在哪我不知道，但这事绝对跟我没关系！"

"跟你没关系，我们吃饱了撑的？故意冤枉你啊！"

"我说了不是我干的！"

"不是你还有谁啊？你倒是给我们说说！"

……

面对室友们的连番轰炸，晓云泪流满面。几天后，她干脆搬出宿舍，在附近租了一个小房子。后来，她听说那个女孩的钱已经找到了，室友们却没有来向她道歉，更没有让她搬回宿舍的打算。

这件事的发生让晓云遭受了很大的打击，从那以后，她不仅敏感多疑，还处处设防，总是拒人于千里之外，有些工友曾经试着去关心她，但她的冷漠却让大家望而却步，以致晓云整天都处于孤独和苦闷之中……

生活的琐碎难免会让人压抑，残酷的现实也总会击打我们脆弱的心灵，但这并不表示我们就可以自暴自弃，任由不幸无限蔓延。就像事例中的晓云，如果她能稍稍改变一下性格，勇敢一点，自信一点，努力融入室友之中，那么就不会有接下来发生的事，更不会让自己陷于孤独和苦闷。

有时人就像一把宝剑，不能永远埋在剑鞘里，唯有出鞘才能展现它的威力，否则便跟废铜烂铁无异。人生不如意十之八九，没有人会一辈子都走好运，当厄运来临时，我们要做的不是沉溺于痛苦之中，而是想办法让自己尽快逃离出去。请学会自愈吧，摊开自己的心灵，让它沐浴阳光，唯有如此，你的人生才会呈现绚烂的色彩！

怎样才能从自我封闭中走出来呢？

1. 学会关心他人

如果你期望被人关心和喜爱，那么你首先得学会关心和喜爱他人。关心他人，帮助他人克服困难，不仅可以赢得他们的青睐，而且你的关心能引起他人的积极反应，如对方会感谢你或给予你同样的关怀等，这也会给你带来满足感，并增强你与人交往的自信心。

除了关心他人外，有困难你也要学会向他人求助。这不仅能使你懂得与人交往的重要性，而且你诚挚的致谢也会让他人感到愉快，从而拉近彼此之间的距离。

2. 学会和他人交换意见

良好的人际关系始于相互的了解，人与人之间的相互了解又要靠彼此在思想上和态度上的沟通。因此，经常找机会与他人说说话、聊聊天、讨论问题、交换一些意见等是很有必要的。

友情是在相互的施与爱之中生长的，孟子有云："爱人者人恒爱之。"如果你能主动伸出善意的手，那就会与无数友好的手相握。

3. 不要掩饰自己的真实情感

如果你与挚友即将分开，你不必为了掩饰自己不舍的情绪而故作平静，因为真情流露才是最难能可贵的。此外，也不用为了避免别人的闲言碎语，而把自己身上最有价值的部分掩饰起来，这样往往只会适得其反。

? 静静思考

1.你是个活泼开朗的人吗？是否对陌生人也能保持热情？

2.你的生活是简单的三点一线吗？有没有属于自己的"交际圈"呢？

第四章

修炼强大的内心，
打跑那些不快乐

你知道吗？每个人心中都有一座能量宝藏，等着你去发现、去挖掘、去开发。这种能量一旦引爆出来，将会带给你无穷无尽的力量，能为你创建一个属于自己的"幸福之城"。可人总有一种惰性，这种惰性会使你被命运牵着鼻子走，让你学会顺从和屈服。而只有不断地迎接挑战，直面困难，才能修炼强大的内心，打跑那些不快乐！

内心强大都是修炼出来的

将每天都当作一种挑战，你的内心会越来越强大。

现代社会的科技已经越来越发达，但人们的内心却越来越空虚。其实每个人的承受能力都非常强大，但前提是必须经过修炼。没有人一出生便拥有强大的内心，也没有人一出生就脆弱得不堪一击，只有经过一次又一次的修炼，才能对失败和挫折产生免疫力。在每个人的身体里都蕴藏着巨大的能量，只要你能发现这一点并加以利用，就可以一步一步靠近自己的梦想。

余浩是音乐系的一名学生，他非常热爱音乐，并将音乐当作自己一生的职业。为了能考上最好的音乐学院，他每天都刻苦学习。但当他来到这所学院时才发现自己引以为傲的音乐才能跟别人比起来根本不值一提，尽管如此，他依旧为了梦想努力坚持着。

这天，余浩和往常一样走进了练习室，钢琴上摆着一份全新的乐谱。"又是超高难度……"余浩翻着乐谱喃喃自语，感觉自己对弹奏钢琴的信心已跌到了谷底。已经三个月了！自从跟了这位教授后，余浩每天都备受煎熬，不知道教授为什么要以这种方式训练他，每次都给他一个难度极高的乐谱，以他现在的水平很难掌握。没办法，为了不让教授失望，他只能不断地练习，用自己的十指奋战、奋战、再奋战。

实际上，余浩的导师是位著名的音乐大师，授课的第一天，教授就递给他一份乐谱："试试看吧！"教授说。乐谱的难度颇高，余浩弹得生涩僵滞、错误百出。"还不成熟，回去好好练习！"教授在下课时如此叮嘱道。

余浩拿着乐谱，回去苦苦练习了一个星期。第二周上课时，正准备让教授验收成果，不料教授却又给了他一份难度更高的乐谱。"试试这个吧！"教授丢下这句话转身就走了。余浩看着这份乐谱，有些崩溃。但他依然没有放弃，继续坚持了下来，再次挑战更高难度的钢琴技巧。到了第三周，更难的乐谱又出现了。

这样的情形，一周又一周地持续着，余浩每次在课堂上都会得到一份新的乐谱，然后把它带回去练习，等回到课堂上时，又会面临一份更高难度的乐谱，而他上个星期的成果，教授却只字不提。由于练习量太大，没有缓冲空间，余浩感到越来越吃力，他开始有些不安，甚至有些气馁。

这一天，教授像往常一样走进练习室。余浩再也忍不住了，他必须向这位钢琴大师提出这三个月来的疑问，为什么要这样不断地折磨自己。教授没说话，他只是平静地抽出了最早的那一份乐谱，并交给了余浩："你来弹弹这份乐谱吧！"余浩看了看教授，便接过乐谱弹了起来。

不可思议的事情发生了，余浩居然可以将这首曲子弹奏得如此美妙、如此精湛！紧接着，教授又让余浩试了试第二堂课的乐谱，他依然有超高水准的表现……演奏结束后，余浩怔怔地望着教授，说不出话来，他不明白为什么这短短的三个月，自己竟然有如此大的进步。

"如果我不这样训练你，可能你现在还在练习最早的那份乐谱，也就不会有现在这样的水平。人就是缺少挑战，难度越高，就越能体现你的水平……"教授笑着说。

美国学者詹姆斯曾进行过一项学术研究，其结果表明：普通人只开发了自身蕴藏能力的十分之一，与应当取得的成就相比较，我们不过是在沉睡。我们只利用了自己身心资源很小的一部分，大部分资源处于荒废状态。没人知道自己究竟有多大的能量，因而也就不能知道自己会有多么的伟大。我们应当不断地接受挑战，修炼自己强大的内心，从而去激发自己无穷的能量。

余浩是幸运的，因为他已经挖掘出了自己的能量，也许他的能量还不止这些，但他却掌握了一套修炼的方法——挑战自己！若余浩没有接受挑战，那么他的钢琴水平可能还在第一份琴谱的程度。如果他害怕挑战，那么他的音乐事业可能会戛然而止。人生不能没有挑战，要勇敢挑战自己，才能创造更美好的未来。

每个人的心中都有一座能量宝藏，等待着我们去发现、去挖掘、去开发。一旦这种能量引爆出来，将会带给你无穷无尽的力量，带你创造"幸福之城"。可人总有惰性，这种惰性会让你被命运牵着鼻子走，让你学会顺从，学会屈服，唯有不断迎接挑战，才能修炼强大的内心，打跑那些不快乐！

? 静静思考

1.你是个喜欢冒险的人吗？你是否喜欢寻找刺激？

2.你希望自己的人生是一帆风顺，还是跌宕起伏呢？为
 什么？

压力还是动力？

也许持续的压力会让你感到焦虑，但适时保持危机感则能让你拥有充足的动力。

在这个高速发展的时代，竞争的压力无处不在，有些人被压力压得喘不过气，但有些人却将压力变成了动力，成就了自己的辉煌人生，他们是怎么做到的呢？因为他们始终都保持着一份危机感！生活中，很多人最初都进步飞快，只差一步就能达到成功彼岸，但最后却还是失败了。为什么？因为他们一旦有所成就，便会停下来享受成果，全然忘记了自己当初的梦想，更忘了身后想超越他的一大批人。

钟启华来自一个破落的农村，他发愤图强，一举考上了名牌大学。大学毕业后，他顺利地考取了当地的公务员。为了让自己尽快融入工作，钟启华不断地充实自己，提高自己的技能。

钟启华很聪明，他知道如果想要更快晋升，除了提高工作能力，提升自我价值外，还要处理好各种人际关系。因此，钟启华除了平时工作之外，经常出去和各个领域的人打交道。

渐渐地，钟启华在税务局开始崭露头角，很多人都对他赞赏有加，认为他未来前途无量。通过自己的不断努力，他如愿以偿地获得了升职。但是职位的晋升和周遭环境的变化，让钟启华一时忘乎所以，他开始整天沉溺在享受中，将自己干事业的雄心抛到了九霄云外。

四年后，当一位昔日的下属成了钟启华的上司时，他才惊觉时不我待。幡然醒悟的他想再次重振事业，无奈此时早已变了模样，那些曾经的好友也纷纷选择了离开，他想东山再起已几乎不太可能了。

人生就像一场竞技赛，是一个不断超越自我的过程，一旦你停下了脚步，势必会被别人超越。现实生活中，有不少像钟启华这样的人，当自己做出一些成就后，便放任自流、贪图安逸，全然忘却了自己最初的理想。如果他能够时刻保持一份危机感，相信以他的实力，一定可以拥有更精彩的人生。

每个人心中都有自己向往的生活，但如果你只满足于现有的成就，便不可能实现更高的理想，因为满足通常都伴随着惰性。容易满足的人，只要日子还过得去，他们就会不思进取，在安逸中虚度时光，浪费生命。但生命只有一次，若不好好把握，便会错失良机。所以，我们必须保持一份危机感，让危机促使自己奋发，实现理想。

不要轻易满足于现状，更不要忘却你心中的希望，请随时给自己一份危机感，你才能不断品尝人生的喜悦。当然，永不满足就必须不懈努力，若不甘于现状，就要敢于挑战，从现在开始，做一个积极进取、不断奋进的人，这会让你的人生更加绚烂！

那么，我们怎样才能保持危机感呢？对此，可以从以下方面入手：

1. 告诉自己不努力的后果

很多人之所以安于现状，往往是因为没有意识到不努力的后果，对此，我们不妨每天提醒自己，如"生于忧患，死于安乐""今天工作不努力，明天努力找工作"，也可以上网找些关于"危机感"的名言，将它们写下来贴在公司或家里最醒目的地方。

2. 用目标激发危机感

目标不但能激发我们的动力，也能激发我们的危机感。只要一天没达到目标，我们就会保持一天的危机感，而为了完成目标，我们则会更加努力地去拼搏、去奋斗。

3. 给自己找个竞争对手

俗话说："没有对比就没有伤害"，要想时刻保持危机感，最好的方法就是给自己找个竞争对手，因为这能刺激你最敏感的那根神经。但需要注意的是，这个竞争对手既不能太强，也不能太弱，太强会打击自信心，而太弱则失去了意义，最好是选比自己更加优秀，但只要自己足够努力便能赶上的人。

? 静静思考

1.你觉得自己所处的行业竞争激烈吗？

2.你是否会担心自己的生活和工作呢？

不要被"表象"所迷惑

多给自己一些积极的心理暗示，让它帮你透过表象看清本质。

世人皆说"眼见为实"，可很多时候我们肉眼看见的，却并非就是真实的，唯有经过层层排查和认证，才能确定事实的真相究竟是什么。正因为如此，人们常常会被表面现象所迷惑，看不清事物真正的本质，以致与快乐失之交臂。其实，快乐一直都伴随在我们左右，只不过有时候它会"躲藏"起来，唯有用积极的暗示深入挖掘，我们才能透过那些虚假的表象，看清本质。

老伴儿去世后，王老太太就孤身一人生活了，由于她身体不太好，于是，远在外地的儿女们给老太太找了大学生小许做她的看护。小许是一名护理学专业的学生，由于大学的课程不多，便出来做个兼职，帮老太太做些家务什么的。小许为人热忱，做事认真负责，深得老太太的信赖。

老太太非常害怕孤独，她本是个喜欢热闹的人，却因老伴儿的去世心有余悸，不敢四处乱跑，怕自己会出事。而且老伴儿走后，王老太太经常失眠，需要服用安眠药才能入睡。这天晚上，王老太太敲响了小许的门："小许，我的安眠药吃完了，睡不着，你这儿有吗？"

小许的睡眠一直都很好，每天倒床就睡，哪儿还需要安眠药。但是又不想让王老太太失眠，她灵机一动，对老太太说道："上星期我朋友从上海回来，刚好送了我一盒新出的特效安眠药，我一会儿给您送过去。"

王老太太走后，小许找出一粒维生素片送到了老太太的房间，她告诉老太太："这就是那种新出的特效安眠药，您吃了之后，一定能睡个好觉！"

王老太太听后，高兴地服下了那粒"特效安眠药"。

第二天，王老太太对小许说："你的安眠药效果好极了，我昨晚吃完很快就睡着了，而且睡得非常好，好久都没有睡得这么舒服了。那种安眠药你能不能再给我一些？"没办法，小许只好继续让老太太服用维生素片，还将维生素片放在安眠药的盒子里送给了老太太。

就这样，事情过去一年多了，尽管小许已离开了王老太太，但老太太还时常念叨着小许给她的"特效安眠药"。眼看着这种安眠药快要吃完了，她忍不住打电话询问小许这种"特效安眠药"哪里有卖。

实际上，学习护理学的小许只是利用心理暗示的作用，用一粒维生素片让老太太进入了梦乡，压根儿就没有什么"特效安眠药"！

小许将事情的真相告诉了王老太太，其实并没有什么"特效药"，只是善意的谎言罢了。王老太太其实很健康，并不需要安眠药，只是心病而已。如果能多出去走走，和朋友聊聊天，她的生活一定会舒心很多。

王老太太听后，拿着"特效安眠药"去医院，证实了那就是普通的维生素。

她感受到了身边人的良苦用心，认为自己不应该这样抑郁下去，于是，她开始积极参加社区组织的老年人活动，没事就去老邻居家看看，或跟他们一起出去锻炼锻炼身体，日子过得别提有多精彩了。

渐渐的，王老太太的生活又恢复了往日的欢声笑语，再也没有失眠过。

心理学家马尔兹说：我们的神经系统是很'蠢'的，你用肉眼看到一件喜悦的事，它会做出喜悦的反应；看到忧愁的事，它会做出忧愁的反应。"换言之，只要当你想象自己所做的事是快乐的，你的神经系统便会习惯性地让你拥有快乐。可见，积极暗示能调动巨大的能量，使人变得自信、乐观。

其实，你的暗示就是你内心的想法，也正是你希望自己做的，就像王老太太，她本是个喜欢热闹的人，只是老伴儿的去世给了她沉重的打击，使她无法再面对真正的自己，从而选择了逃避。如果她持续封闭自己，也许她将永远走不出痛苦的阴影，丢掉自己的生活。幸而小许帮助了她，让她清醒过来，她才重新获得了快乐。

那么，我们应该怎样积极地暗示自己呢？

日本有位心理学家说过："当我们的头脑处于半意识状态时，是潜意识最愿意接受意愿的时刻，此时来进行潜意识的接收工作是再理想不过的了。"也就是说，睡前醒后的时间最适合进行自我暗示，你可以躺在床上使身体尽量放松，每天花上几分钟来进行自我心理暗示——描述自己的天赋和能力；想象一下自己获得成功的情景；用简短的语言给自己积极有力的暗示。例如：

我是一个能做大事的人，我的一生绝不能碌碌无为！

我知道我想要的生活，我必须实现它！

我是一个意志坚定的人，没什么能动摇我的决心。

恐慌是顾虑造成的，只要我抛开杂念，专注于自己的目标，就不会再恐慌。

我越相信自己，我的能量就越大。

我只要专心致志，就能做好每一件事。

……

? 静静思考

1.你是否使用过自我暗示？

2.面对困境，你通常会怎么做呢？

平凡与平庸的区别

平凡并不可怕，可怕的是甘于平凡，让自己变得平庸。

平庸者往往会因过度骄傲而自满，但平凡的人却会不甘于平凡，这便是两者之间的区别。人生有很多条路，我们应学会驱散眼前的迷雾，走出对未来的迷茫，积极地为自己规划一条可实现的梦想之路，这样我们所有的付出才会有回报，所有的辛苦和努力才不会白费！

索普从小喜欢游泳，他从五岁时就开始进行专业游泳训练。在游泳队中，索普永远是来得最早，走得最晚的那一个，每天都勤学苦练。之后，他经常作为当地游泳队代表，参加澳大利亚各种大型的游泳比赛，在一次又一次地比赛中不断超越自己。

2000 年的悉尼奥运会上，年仅十七岁的索普打破了世界纪录，顺利斩获个人游泳赛金牌。在 4×100 米 、4×200 米自由泳接力赛中，他与队友密切配合，又夺得了两枚金牌。

2004 年的雅典奥运会上，索普乘胜追击，夺得了四枚奖牌。年仅二十一岁的他成了澳大利亚历史上夺取奖牌数量最多的游泳运动员，被澳大利亚人当作奥运英雄。

有人可能会说，索普之所以能取得这样的成绩，是因为他出生于体育世家，有家族给他做后盾。但其实，索普的父亲是一位板球员，母亲是一位篮网球员。很显然，索普似乎没有遗传到这方面的天赋，就连接触游泳，也是跟着姐姐一起学习的。

更值得一提的是，索普年幼时对氯过敏，七岁时才参加了第一次游泳比赛。但是他并没有放弃游泳，而是始终坚持着，最终克服了过敏，然后才谱写出自己的传奇篇章。

平凡是件很正常的事，我们唯有接受自己的平凡，才能以一颗平常心去面对现实的生活。但这仅仅只是个开始，因为我们需要根据自己的需求努力地改变现实，才能把平凡的人生过得不平凡！

相比平凡，平庸就显得缺乏朝气，甚至有点故步自封了。在平庸中沉溺的人，不仅没有看清自己，还愚蠢地用"现在很好"来麻痹自己，久而久之，便不想再有任何开拓性的举动，生活的步调也像停止了一般。平庸的想法很可怕，如果一个平凡人甘于平庸，那么意味着他将很难抵达他梦想的彼岸。

承认自己的平凡，体现了你的大度；不甘于平庸，超越平凡，则体现了你的霸气。有着自己远大理想的人，总能把目光放在更高的起点上，将人生当作一次登攀，每前进一步都是向上迈出的至关重要的一步，而不是永远处于上天赋予的被动状态。我们应该为自己的人生融入更多的创造性，用自己内心的需求来推动自身的发展，这样才能拥有有希望、有追求、有层次的人生。

每个人都有超越昨天的能力，那为什么不努力尝试一下创新，而要在固有的成果中沾沾自喜呢？你可以平凡，但却不能平庸，你要为自己创造梦想和希望，这才是人生的最佳经营方式。唯有认清平凡、超越平凡，并且时刻都保持一颗平常心，才能在平凡人生中看到不平凡的自己！

？静静思考

1.你是否每次小有收获之后都会沾沾自喜呢？

2.你是否觉得自己注定就应该是一个不平凡的人呢？

学会分辨"毒药"

如果我们没有自己的主见，完全听从外界的声音，那便注定会
与快乐背道而驰。

不知为何，当我们决定自己应该怎样生活时，总会被生活所误导，并相信
生活会告诉我们应该怎样过活。可事实上，只有你自己才能告诉自己，你究竟要
走一条什么样的路。与其等生活的垂怜与施舍，不如问一问你自己的内心，因为
你渴望的、坚持的，就是你内心最想要的。倾听心灵的召唤，才能活在无尽的快
乐中!

志明是一名中文系的学生，他爱好文学，从小就喜欢读书，写文章。
上大学后，由于时间充裕，他决定撰写一篇小说。在自己的勤奋努力下，
小说终于完成了，他想请学校里的文学教授指点一下。

而这位教授的眼睛在那段时间正好不舒服，在接受治疗，志明只
好将自己的作品读给教授听。

当读到结尾处的时候，教授问道："结束了吗?"听语气似乎意

犹未尽，很渴望还有下文。这一追问，燃起了志明的激情，他灵感顿生，马上接道："没有啊，下部分更精彩。"于是，他继续讲述了下去。

当志明讲完后，教授似乎还难以割舍，问道："结束了吗？"

志明想，这部小说一定十分精彩，叫人欲罢不能！于是他又接着讲述了下去。就这样，他不可遏止地一而再、再而三地接续、接续、接续……

最后教授忍不住打断他："你的小说早该收笔了，在我第一次问你是否该结束时就应该结束，何必画蛇添足、狗尾续貂？看来，你还没掌握写作的要领，尤其是缺少决断。要知道，决断是作家的根本，否则写出来的作品绵延不断、拖泥带水，如何打动读者？"

此时志明追悔莫及，自认性格太易受外界左右，难以把握作品，恐不是当作家的料。大学毕业后，尽管他难以割舍，但还是选择弃笔从商，下海做了一名商人。而商场如战场，他摇摆不定的性格注定成不了大事，再加上这本就不是他想要的事业，因此，几年经商下来也未能取得成功。

过了几年，李志明偶遇之前的教授，这位教授询问他最近的写作情况。志明惭愧地告诉教授他现在已经没再坚持写作了，谁知这位教授惊呼："你的反应迅捷、思维敏锐、编造故事的能力也很强大，这些都是成为作家的天赋呀！你若能正确运用，一定会脱颖而出。你为什么没有坚持呢？真可惜！"

志明听完教授的这番话，后悔自己当初不够坚定，过于在乎别人的意见，而磨灭了自己内心的热爱。于是，他想趁着自己还年轻，好好去做自己喜欢的事，把写作事业重新拾起来。在他奋斗不息地耕耘后，他的作品在文学界开始崭露头角，虽然只是小收获，但他非常开心，因为他终于找回了属于自己的路。

人生最怕的不是没有路，而是摇摆不定，找不到适合自己的路。世人最常犯的错误，就是不能坚守自己的本心，听信所谓"权威"的指导，从而改变了初衷。遇事没有主见的人，就像墙头的小草，风吹两边倒，完全没有自己的立场和原则，不知道自己能干什么、会干什么，自然与快乐无缘。

世界充满了来自外界"应该"的命令，社会有着各种各样的"设限"。但是，那些人知道你想要的是什么，知道你脚下的路该怎么走吗？他们不知道。他们所知道的，只是他们想要的东西和他们要走的路，并不是你的。

你想要的人生，不是别人的，是你自己的，所以，你应当勇敢地面对艰难险阻，忍受重重压力，耐心寻找那条只属于自己的路。找到它，并为它付出所有的努力，终有一天你会实现自己的梦想。当你能坚定自己的初心，不让你的人生被他人左右时，人生便会开启一页新的篇章！

❓ 静静思考

1.你是否很容易听信别人的意见？

2.你在做决定的时候是否会犹豫不决呢？

亲爱的，此路不通

如果眼前的路不适合你，那不妨另辟一条属于你的全新的路！

当我们举目四顾，发现没有一条路适合自己时，你不妨换一种思路，另辟一条属于你的全新的路。在现实生活中，也许很多人都习惯了按常规的方式去生活，鲜少去思考创新，以致失去了自己选择幸福的机会。创新者的头上都有一片属于自己的蓝天，我们要像他们一样，学会摆脱因循守旧、墨守成规的旧思想，成为"第一个吃螃蟹"的人，开辟一条属于自己的路！

当"钢"这种材料刚进入中国时，人们并没有发现它的作用，因为当时无论是桥梁还是路轨，全都是用铁做的。但是因为铁极易生锈，以致铁路与桥梁事故时有发生。那时年轻的陈立正在铁路部门任职，他对这些冰冷的材料非常感兴趣，觉得它们都是创造神奇的基础，没有它们就没有高品质的生活。

这天，陈立在报刊上看到一则消息：某科学家发明了一种炼钢法，使钢的制作有了大规模生产的可能。陈立认为这有可能是"钢时代"到来的预兆，谁能捷足先登必将前途无量。但他只是个小职员，创业资金十分有限，需要与别人合作才有机会成功。

这时他想到了自己的弟弟陈光，虽然陈光一直做着小本生意，但是这些年下来，结识了不少人，也小有积蓄，所以他决定跟弟弟商量一下，把他们的全部积蓄都拿出来，再各自借一笔钱来投资办一家建材公司，专门经营新型的钢材。

弟弟一听哥哥的建议被吓了一跳："这样做实在是太冒险了，咱们不能把所有的鸡蛋都放在一个篮子里吧！"

陈立回答："我已经看准了，钢取代铁势在必行，它是值得我们孤注一掷的大赌注！"

见哥哥如此有信心，弟弟有些动摇了，陈立赶紧趁热打铁，接着说道："你知道我早就想自己创业了，只是苦于没有找到机会。但现在机会来了，我是势在必行。我想为自己开辟一条新的人生之路，如果你不愿意参与，我也不会勉强你，会有人懂得抓住这个机遇的。"

尽管弟弟还有些不放心，但见哥哥态度如此坚定，便按照哥哥的意思去做了。买厂地、置办办公设施、去工商部门办理相关手续、招聘员工……就这样，他们的建材公司成立了。

尽管陈立的建材公司才刚刚成立，设施简陋，也没有几个员工，但生意却十分火爆。因为自从建立公司后，钢的工业需求便越来越大，但市场却是一片空白，所以他的建材公司发展的越来越好。几年后，他索性自己开了一家钢厂，不再向经销商们要货，而是自己生产、自己出售。这个决定，使公司节约了不少成本，每年都能获得丰厚的利润。

弟弟由衷地佩服哥哥当年那个大胆的决定。

生活中，很多人都会抱怨自己当下的处境，而归咎于老天的不公，殊不知有些机会就在眼前，只是自己没有抓住，让它悄悄溜走了而已。我们应当像事例中的陈立那样，在必要时，学会为自己开创一条新的人生之路，即使这条路从没有人走过，但是勇于第一个吃螃蟹的人，才能得到更珍贵的体验。

人生缺少的不是路，而是敢不敢走的勇气与行动！当我们遇到了瓶颈，需要做出抉择时，由于内心对未知的恐惧，常常会看不透事物的本质，就会再三犹豫甚至暂时搁置，以致错过了最佳的时机，最后遗憾地与成功失之交臂。

事实上，很多事唯有"做了"才能发现其中的奥妙，才能发现更多的机遇。"眼前的路"不过是切入点和表象，"路中的机遇"才是我们真正需要的，有价值的东西。所以，当我们无路可走时，不妨勇敢地为自己开辟一条新路，尝试新的领域，也许会有意想不到的惊喜。

但是尝试并不意味着盲目，我们还需要提高自身的能力：首先是要有足够的勇气；其次是要具备敏锐的洞察力；再次是需要丰富的经验和阅历。生命虽然是一个不断冒险的过程，但唯有我们拥有足够的能力，才能将不可能变成可能，进而收获自己的幸福。

❓静静思考

1.你敢做他人不敢去做的事吗？

2.当你的想法遭到质疑时，你会如何选择呢？

第五章

难过的时候，
不妨换一换思路

世界上没有一成不变的事物，也没有一成不变的规则，更没有一成不变的人。如果你想追上人生变换的脚步，就必须成为解决问题的高手，这意味着我们要增强自己的思维能力，试着从多个角度去看待事物。快乐离不开睿智的创意，只要我们肯开动脑筋，转换一下思路，其实很多事都能豁然开朗！

思维需要训练

每一种能力都需要训练，我们的思维自然也不例外。

思维训练是当下比较有效的一种智力开发方法，将思维当作一种技能来训练，是对智力的一种专业化要求。在遥远的古代，人们即便不识字、没有语言，也照样能悠闲自在的生活，而在当今复杂的社会环境以及人际关系下，人的思维方式就显得尤其重要。正因为如此，大家都在积极地进行思维训练，因为很多时候只要换一种思路，便能邂逅幸福的人生。

古希腊著名哲学家苏格拉底是一位非常喜欢辩论的人，他的"助产术"是一种非常实用的思维训练方法，通过问答形式让人纠正错误的理念、产生新的思想。

一天，苏格拉底像往常一样，赤脚敞衫，来到市场上。市场上有个人正在宣讲自己的道德理念，苏格拉底听闻后，走过去说道："我有一个问题弄不明白，向您请教。人人都说要做一个有道德的人，但道德究竟是什么？"

那人回答："忠诚老实，不欺骗人。这就是公认的道德行为。"

苏格拉底问："你说道德就是不能欺骗别人，但和敌人交战的时候，我军将领却千方百计地使用计谋去欺骗敌人，这难道能说是不道德的吗？"

"欺骗敌人是符合道德的，但欺骗自己人就不道德了。"那人回答说。

苏格拉底又问："那和敌人作战时，我军被包围了，处境困难。为了鼓舞士气，将领就欺骗士兵说我们的援军到了，让大家一起奋力突围出去。士兵听闻援军到来的消息后士气大涨，最终突围成功了。这种欺骗难道也能说是不道德的吗？"

那人回答说："那是战争中的无奈之举，日常生活中我们不能这样。"

苏格拉底停顿了一下，接着说道："我们常常会遇到这样的问题，儿子生病了，却又不肯吃药，父亲骗儿子说，这不是药，而是一种好吃的东西。请问这是不道德的吗？"

那人只好承认："这种欺骗是符合道德的。"

苏格拉底又问："不骗人是道德的，骗人也可以说是道德的。那就是说道德不能用骗不骗人来说明。那究竟用什么来说明呢？还是请您告诉我吧！"

那人想了想后说道："不知道道德就不能做到道德，知道了道德才能做到道德。"

苏格拉底听完这句话后满意地笑了起来，拉着那个人的手说："您真是一位伟大的哲学家，您告诉了我关于道德的知识，使我弄明白了一个长期困惑不解的问题，我衷心地感谢您！"

思维训练的核心，是把大脑的思维当作一种技能来进行训练，就像训练绘画技能、口才技能、运动技能一样。思维的本能不等于思维的能力，任何一种能力的获得，都是反复进行技能性训练的结果。没有人生来就会说话，也没有人天生就知道该如何思考，这些能力都是在后天的训练中培养出来的。人若想不断地提高自己的思维能力，就必须把思维当作一种技能反复训练。

当今社会，不论是科学研究、艺术创作、军事决策、企业经营，还是读书学习、人际沟通、自我规划、事业发展，都需要超强的思维能力，因为我们正处于高度智能化的时代，提高思维能力不再是对某类职业、某个人的要求，它已渗透到社会生活的各个层面，成了所有人的需求，这也是当今时代的竞争规则所决定的，要想参与就必须遵守，否则便会被无情地淘汰出局。

要脱离思维惯性，尝试换一种思路，换一种想法，起初这项训练会很难，如果缺乏改变现状的勇气和决心，就会很难跳脱出来。所以，一个人要想成就自己的人生，不仅要保持创造力和欲望，还要具有改变思维的勇气。这种勇气，不是与生俱来的，更不是靠别人的赐予，而是要靠自己慢慢去领悟才能获得。

还等什么，赶快换掉陈旧的思维，开始改变吧！

❓ 静静思考

1.你觉得自己的思维需要训练吗？为什么？

2.日常生活中，你会腾出时间来训练自己的思维吗？

用最舒适的角度看世界

当你用最舒适的角度去看世界时，会发现它的可爱之处。

生活中，不少人整日为一些鸡毛蒜皮的小事儿，或者别人的几句闲言碎语而长吁短叹、忧心忡忡……人生在世，难免会遭遇一些挫折或失败，若我们一味地沉浸于痛苦，总是哭丧着脸度日，那我们的生活就会失去原有的光彩。但如果我们能换个角度来看待问题，便能发现事情的另一面，从而让自己那颗原本灰暗的心变得光彩照人！

在海边出生的李雄，从小就喜欢吃海鲜，也很会烹饪海鲜。长大后，他在国外开了一家海鲜餐厅。餐厅生意一直都很好，但金融危机之后，别说吃海鲜了，就连普通的家常菜都没人吃，生意尤其惨淡。

李雄曾想过放弃餐厅，但是餐厅能走到今天实属不易，如果自己就这么放弃了，实在是不甘心。面对如此惨淡的生意，他不知道该何去何从。最后，他决定暂时抛开事业，给自己的心情放个假。于是他去了不远处的一个沙岛，岛上每年都有一种稀有的大海龟产卵，引得无数游客前去观赏。

那天夜里退潮后，李雄实在睡不着，半夜来到沙滩上散步。暮色之中，他隐约看见一只体型庞大的海龟正在往沙滩上爬，只见那只海龟上岸后，便马不停蹄地开始在沙地上挖洞，应该是在为产卵做准备。李雄不忍心打扰海龟妈妈，于是他悄悄地从旁边绕道而走。

第二天，当李雄路过海龟昨晚挖洞的地方时，发现海龟妈妈已经把藏着小海龟蛋的洞盖起来了，地上只剩下一个小小的沙丘，沙丘旁还有一条宽而深的痕迹，这应该就是海龟妈妈的脚印了。可奇怪的是，它的痕迹是爬向内陆，而不是游向大海。李雄想，一定是海龟在疲劳之中搞错了方向，离家越来越远了。

虽然当时是早晨，但在阳光的照射下，沙滩还是有点烫，这样的温度可能会把刚产下宝宝的海龟妈妈烤死。忧心忡忡的李雄沿着痕迹寻找，终于在五十多米远的地方找到了那只海龟，只见它的头和四肢被干燥的沙粒包裹得密不通风，已经奄奄一息。李雄赶紧把矿泉水倒在它身上，并用力将它往大海的方向推，但大海龟却纹丝不动，他只好打电话向管理员求助。

不到一分钟，一辆车飞驰而至。身穿制服的管理员从车上跳下来，管理员二话没说，就把大海龟翻了个底朝天，并用锁链的一头锁住它的前肢，另一头拴在车子上。紧接着管理员又马上回到驾驶室，用车拖着海龟朝大海的方向开去。一时间，沙土飞扬，车轮带起的沙子几乎要将大海龟给淹没了。

看到这一幕，李雄又惊又气，跟在车后喊："停下！停下！你太残忍了！"

管理员丝毫不理会李雄，一路将车开到了海边才停下车给海龟松了绑，并帮它重新翻过身来。紧跟其后的李雄见大海龟一动不动，任凭海水拍打它的背甲，心想它一定是被折磨死了，心里悲愤交加，当他刚要发作时，却看见管理员对他做了个"不要说话"的手势，然后便目不转睛地看着那只大海龟。

清凉的海水一波接一波地涌向大海龟，不一会儿，它身上的泥沙不见了，露出光亮的皮肤。一个大浪打来，海龟妈妈谨慎地探出头，小心翼翼地动了动前腿。又一个巨浪打来，海龟憋足了劲，四肢用力，缓缓地将身体推向前方，直到全身浸在水里。笨重的它突然变得优雅自如，缓慢地游向了大海深处。

望着海龟妈妈的身影消失在一片蔚蓝里，李雄听见后面的管理员说："海龟不像其他的动物，你越是要它出来，它就会越往里缩，只有当它觉得风暴过去了，才会拼命地想活下来。就像一个人的生活被彻底翻了个个儿，被套上了枷锁，灰头土脸并吃尽苦头，这些也许并不是坏事，也可能是拯救这个人的唯一方法。"

管理员简单的几句话，却解开了李雄许久以来的心结，他当即决定回去想办法挽救餐厅。一天，电视里播放着华侨们对2008年的奥运会的祝福和期待，这让他顿生灵感：2008年是中国第一次举办奥运会，如果能制造机会让华人同胞们相聚在一起观看奥运会，一定会有不错的反响！于是他抓住这个主题，在自己的餐厅里做宣传。奥运会开始当天，华侨们可以聚在自己的餐厅里观看北京奥运会，餐厅免费为其提供酒菜。

这一招还真管用，不少华侨都慕名而来，为了等待最后光荣的时刻。

奥运结束后，不少华侨对这次观看奥运会的经历记忆深刻，为了感谢李雄为他们准备的场地，他们不但自己来捧场，还介绍了不少朋友过来。就这样，李雄的餐厅不但活了过来，而且生意比以前还要火爆。

李雄是幸运的，他能够及时醒悟，看见了世界另一面的光明，但现实生活中的我们，又有多少人能看得见呢？如果你没有学会换个角度看世界，那便只能被困在黑暗的一面！就像李雄，若他还一味地沉溺在挫折中无法自拔，说不定他最后会放弃心爱的餐厅，转行别的领域，那么他将不能获得如今的成功。

很多时候，我们看问题时没必要钻牛角尖，跟自己过不去，如果我们尝试着去换个角度，可能会对同一件事有完全不同的看法。生活中、工作中，我们若能以最舒适的角度去看世界，就能及时转变看问题的态度，继而从容以对，快乐度过每一天。

凡事都有两面性，有利就有弊，换个角度，你就会有不一样的发现。当陷入绝境时，我们往往无法兼顾其他的事物，视野也会随之变得狭小。不妨先暂时避开眼前的一切，将注意力转移到其他的事情上，再进行角色互换，这往往能让你有意想不到的收获。

其实，凡事只要换个角度，多往好的、积极的一面去想，便不难发现快乐！

❓ 静静思考

1.对于幸福和痛苦，你各有什么看法？

2.你会经常思考人生的意义吗？

看清镜子里的自己

当你对生活失望的时候，不妨看看镜中的自己，也许你并没有所想的那么糟糕。

每个人都有不尽人意的地方，但我们一定要客观地认识自己，知道自己的优势，找到适合自己发展的方向。走一条属于自己的路，这对未来的发展有着事半功倍的效果；相反，如果在一个自己不擅长的领域辛苦拼搏，最后只能是无功而返。所以，当你陷入绝望时，不要将时间浪费在悲伤上，而应当积极地去寻找更适合的人生之路！

陈俊破产了，他苦心经营多年的互联网企业，在接二连三地投资失败后轰然倒塌，金钱和名誉的双重损失让他痛苦不堪，他已无颜再面对一直信任自己的妻子、儿女和员工。在极度的悲伤之下，他选择了离开，去外面流浪，这也是他对自己的惩罚。

在外流浪的日子里，陈俊对破产的事始终无法忘怀，越想越难过。一个偶然的机会，他得到了一本书，叫作《镜子里的自己》，这本书给他带来些许的勇气和希望。因此，他找到这本书的作者，心想也许他能够给自己一些启发。当他找到作者，讲述完自己的故事后，作者平静地对他说："听你讲了这么多，我很同情你的遭遇，但是很可惜，我帮不了你。"

陈俊听后，难过地低下头，喃喃地说道："这下子完蛋了！"

"虽然我没有办法帮助你，但我可以带你去见一个人，他可以帮你东山再起。"作者刚说完，陈俊便立刻跳了起来，紧紧抓住作者的手，说道："太好了，我还有希望，快带我去见这个人吧！"

这位作者将陈俊带到了一面高大的镜子前，用手指着镜子说："我介绍的就是这个人。在这个世界上，只有这个人能够使你东山再起。你必须坐下来，彻彻底底地认识他，了解他，才能让他更好地帮你实现你想要的。"

陈俊看着镜中的自己，向前走了几步，他用手摸摸长满胡须的脸，对镜中的自己从头到脚打量了几分钟，接着他低下头，开始默默地哭泣……

几天后，陈俊再次约那位作者喝咖啡，作者差一点没认出他来。只见陈俊西装革履，神采奕奕，整个人容光焕发。"那天我离开您办公室时，还只是一个流浪汉，谢谢您让我从镜子中找到了真正想要的东西。回去后，我不再沉溺于失败的痛苦之中，而是努力地寻找新的出口。现在，我找到了新的工作——互联网公司主管，也拥有了更开阔的生活，我又重新踏上自己的人生之路了！"

每个人都具有自己的某种优势，都有适合自己的工作或事业，所以我们要做的就是找到它，并充分地利用它。人无完人，我们不可能在每个领域都突出，不同的人的生理素质、心理特点、智能结构等都各有不同：有的人条理清晰，善于分析；有的灵气逼人，富有幻想；有的擅用巧计，富有谋略；有的表情丰富，很会表演。只要你能准确掌握自己的优势，就能在某个领域中有突出的表现。

你的才能与专长，就是你获得快乐的利器，因为它能给你带来内心的满足感。当你还没发现它时，经常会做事不得要领，毫无成果。也正因为如此，我们常常会迷失自我，很容易受到外界的干扰，将别人的言行作为自己行动的参照，当下流行的从众心理，就是最好的证明。

即便如此，你也不能停止对自我的追寻，因为认识自己是人生中最具智慧的行动。认识自己，心理学上叫作自我知觉，是人了解自己的一个过程。这一过程不仅需要自我互动，还需要与他人的社会互动才能对自己有一个全面的认知。但是在这个过程中，我们很容易受到来自外界信息的暗示，从而出现自我知觉的偏差，因此你必须对自己有一个理性客观的评价，在此基础上再不断地补充新认知，才能始终把握好你人生的节奏。

人生好比走路，如果你不看路标，不把握方向，那么无论你多努力、多辛苦，都不一定有效果，没准还会闹出南辕北辙的笑话。这时，你不妨停下来稍事休息，思考一下自己的目标是否正确，特长是否得到了应有的发挥，从而让自己事半功倍。认识自己，找到最适合你的位置，扮演最适合你的角色，开发属于你的一片蓝天，这才是走向快乐的捷径！

? 静静思考

1.你认为自己在这个世界扮演的是一个什么样的角色?

2.你对于自己扮演的角色满意吗? 为什么?

不是只有一种方法

遭遇难题并不可怕,可怕的是你不肯开动脑筋找出解决的办法。

生活给予我们的难题数不胜数,如果你想成为解决问题的高手,就必须开动脑筋,多换几个思路,寻找多种解决问题的方法。一个肯动脑筋的人,总能妥善地解决问题,并将自己最好的一面呈现出来,让自己得到快乐。其实,快乐离不开有趣的创意,只要我们肯开动脑筋,转换一下思路,便能豁然开朗!

星期六早晨,外面阴雨连绵,小勇没法找小伙伴们玩耍,只能困在家里。于是,他缠着爸爸陪他玩。而小勇的爸爸这时正在准备下周一总结大会的稿件,没有时间和精力陪他玩耍,小勇便又哭又闹,四处捣乱。

为了让小勇安静下来,爸爸决定给他找点事情做。

爸爸环顾四周,发现茶几上有一本时尚杂志,他顺手翻了翻,看见里面有一张色彩鲜艳的世界地图,于是他将这一页撕下来,并把它撕成小块儿,拿到小勇跟前说道:"小勇,过来,你把地图拼起来,我送给你一个小礼物！"心想：这至少能让小勇忙上半天，自己也能安静一会儿了。小勇拿着碎纸，把它们一片片摊在茶几上，思考了一段时间，便开始操作起来。

十分钟后，小勇敲开了爸爸书房的门。当小勇拿着拼好的地图出现在爸爸面前时，爸爸惊讶极了，他怎么也没想到，小勇居然这么快就拼好了，而且每一块纸都整齐地排在一起，整张地图恢复了原状。

"儿子，你怎么这么快就拼好了啊？"爸爸好奇地问。

"啊，"小勇说，"很简单呀！这张地图的背面是一个巨大的人像，我先把人像拼起来，再翻过来就好了。我觉得如果人拼得对，地图应该也能拼得对。"

爸爸听完忍不住笑了起来："儿子，你可真聪明！"说完，奖励给小勇一包巧克力。小勇拿着巧克力，开心地跑出了书房。

小勇无疑是聪明的，他靠着自己灵活的大脑，跳出了惯性思维，最终很快解决了看似困难的问题。若小勇按照常理从那张地图入手，别说十分钟了，也许十个小时他都没办法拼好地图。可见，做人应该灵活一些，不能太固执，换一种角度也许会更有效地解决问题。

现实生活中，很多人都走不出思维的定式，因此只能被动接受宿命的安排。而一旦走出了那些束缚我们的条条框框，也许就能看到很多别样的风景，甚至还可以创造新的奇迹。人总是依赖于习惯，当我们无力挣脱时，便会被动地选择顺从和视而不见，这种固定的思维过程，其实就是一种自我催眠，自我麻痹。当我们钻进了禁锢自己的思维定式时，我们的思想便再也无法自由了。

人生的难题从来都不是只有无奈地接受这一种解决方案，而是有无数种。

一个人在熟悉的环境里生活久了，往往会形成一种依赖性，尤其是在原有的环境里已得到一定的认可和赏识，就更难轻易地去否定、抛弃。否定过去，对任何人来讲，都是一种痛苦的体验。但若没有否定过去的魄力，就不可能产生新的观念，创造出更高的成就。

适时地改变思维，是明智的选择。你需要具备一种独创性思维，因为思维的独创性是创新的根本特征。创新就是要敢于打破传统习惯的束缚，摆脱原有知识范围的羁绊和思维过程的禁锢，善于把头脑中的已有信息重新组合，从而发现新事物、提出新见解、解决新问题、产生新成果。

正因为拓宽了思路，人类才可以从舞剑悟到书法之道，可以受飞鸟启发造出飞机，可以从蝙蝠联想到电波，可以从苹果落地悟出万有引力……换言之，常爬山的朋友应该去涉水，常跳高的朋友应该去打打球，常划船的朋友应该去驾驾车等。这样的交换，或许能让你收获意想不到的惊喜。换个位置，换个角度，换种思路，也许在你面前的就是一番新天地了！

> **? 静静思考**
>
> 1.生活中的你有没有换位思考的习惯呢？
>
> 2.你是个细心的人吗，是否总能发现别人忽视的细节？

有没有被自己的想法吓一跳

必要时，请为自己开辟一条另类思路，让自己随心而动。

在这个人云亦云的世界，很多人会随着社会的变化，别人的变化而改变自己的理想和初衷。

当然，我们应该改变，但不是随着社会，也不是随着别人，而是随着自己的内心。随心而变，勇敢做自己，这才是一种积极的生活态度，才是我们应该追求的人生！

大学毕业后，马云先是在杭州当老师，后又创办翻译社。一个偶然的机会，他接触到了互联网。他便想到在互联网上推销自己的翻译社。于是，他将广告发送到网站上，半天时间他就收到了六封来自不同国家的邮件。

这让马云顿时对这虚拟的世界产生了兴趣，并决定要研究互联网。

当时的网络并不发达，所有的技术几乎都是靠国外引进，这让马云产生了一个大胆的设想：为什么不制造一个中国的商业网络，以提供更多的商业信息呢？此后，马云的人生便开启了新的模式。他毅然辞掉了工作，全然不顾朋友的劝阻，找了学自动化专业的"拍档"，再加上妻子，一共三人，靠两万元的启动资金租了间房，开始了艰苦的创业。

随后，马云开创了他的第一家互联网公司，有了开端，就必须把业务做起来，让中国人相信互联网并接受这个全新的事物。多年的翻译工作使马云很善于与人交际，于是他担负起了推销的工作。那段时间，他经常在北京的饭店、餐厅，甚至街头的大排档里给别人讲自己的"伟大"计划。

当时，人们并不理解他，尤其是一些比较落后，没有互联网的城市，他一直都被当作"骗子"，但他没有灰心，每天出门前都提醒自己：互联网是影响人类未来生活的长跑，你必须跑得像兔子一样快，又要像乌龟一样有耐力。

创业最艰难的时期，马云与合作伙伴经常在一些问题上产生分歧，因此马云准备回杭州创办一个正式的商业网站。临行前，他对伙伴们说："我要回杭州创办属于自己的公司，从零开始。愿意一起去的人，我给不了太高的工资，不愿意去的，可以继续留在北京。"他本想给大家三天时间考虑，可不到五分钟，伙伴们便一致决定："我们回杭州去，一起去！"

回到杭州，马云与伙伴们一起努力获得了小小的胜利，但他却没有被这些成绩所蒙蔽，而是不断进取，探寻更多新的可能性。

马云将他们的网站都变成实名制，涉及范围包括公司创立的全线产品，即网络实名、实名网址、实名搜索。随着时间的推移，他商务网站的思路也越发成熟——用电子商务为中小型企业服务。

就这样，马云从一个不懂网络的翻译变成了一名网络精英，他凭借着自己前瞻的眼光与非凡的管理天赋，成了声名显赫的伟大企业家！

马云的经历告诉我们：想到什么就勇敢去尝试，哪怕我们会被自己的想法吓一跳！

当我们束手无策时，不妨开辟一条另类思路，即使这条路从没有人走过，我们也要勇敢地去做自己，实现自己想要达到的目标。现代社会，人云亦云的人太多，跟着强者走是没错，但错的是那是别人想走的路，并不是你所想的。试想，若马云只在网络推销自己，而没有突破性地去建立自己的互联网，他还能有今天的成就吗？显然不能！

人是一种惯性思考的动物，抗拒改变是自然反应。不是每个人都能接受新事物，坦然接受自己内心的改变，因为这常常意味着要放弃已经习惯的旧生活模式，而人类的本能恰恰就是拒绝改变。所以，要做出改变并不是件容易的事，你必须要具备充足的勇气，强大的信念以及敢为人先的魄力。

就拿现在已经完全融入我们生活的电话来说，贝尔刚发明它时，大家都嘲笑道：人怎么可能对着一个装满电线的匣子说话？但事实却证明贝尔的想法是对的！所以，不要害怕自己的想法太另类，只要你的想法足够成熟，就要勇敢地去尝试。一旦我们自我设限，便只能墨守成规，而那些有趣的新组合，以及打破常规的创新，便不能有实现的那一天。

也许，你想保持舒适生活而不敢改变；也许，你害怕失败而不敢做尝试；也许，你担心"独树一帜"会被孤立而放弃内心的渴望，但这些担心只会让你变得更加的平庸，因为前瞻的眼光与独辟蹊径的思维，才是让你在这个社会中脱颖而出的武器。所以无论如何，都不要让抗拒改变的心态牵绊你勇往直前的脚步！

? 静静思考

1.生活中的你，会经常出现一些奇怪的想法吗？

2.当你有了一个与众不同的计划时，你会勇敢地去实

施吗？

绝望还是涅槃？你自己选

绝望就是选择一条路走到黑，因此永远看不到破晓的黎明。

每个人都有可能陷入绝望，陷入所谓的"困境"之中，其实那只是我们的选择出了差错，只要我们适时地改变自己的思路，往往就能收获出人意料的结局；反之，我们便会被绝望捆绑，难以翻身。其实，很多时候我们都是被自己困住，被固定的思维束缚，若我们能跳出思维的条条框框，换一种思路去思考，就会发现，原来希望的出口就在身边！

刘伟从小喜欢冒险，他在大学里最喜欢干的事情就是探索洞穴。一个偶然的机遇，他得知某郊区有个乱石堆，据说那里是一个地下探险入口，能找到"宝藏"。于是刘伟和三个好友便一起前往探险。

刘伟和好友们匍匐着在洞穴里前行，当穿过一道狭缝时，他们发现了一个非常大的地下岩洞。顺着手电筒的光，刘伟进入洞穴的深处，只见里面怪石林立，很难再往下爬。于是他们四处寻找，终于找到了一处峭壁，借助随身携带的绳子，又下滑了约十五米左右。

探索了一阵子后，他们基本清楚了洞穴里的构造，有信心在回去后可以绘制出一份详细的洞穴图，于是他们决定打道回府。但当他们来到悬挂绳子的岩壁边缘时，却发现洞内的湿气已经使绳索变得又湿又滑，根本使不上劲儿，而且作为探险新手，没有人知道他们的行踪，也就没办法求救，因此他们被困在了这洞穴之中。洞穴里没有显眼的豁口，只是在洞口中央的岩石堆中有一道长四十五厘米的窄缝，知道这个洞穴的人，这个世上除他们外，恐怕没有其他人了。随着时间的流逝，手电筒的光线越来越弱，空气也越来越稀薄，刘伟和他的朋友们开始感觉到处境的危险，紧张的气氛愈来愈浓烈。刘伟意识到，如果再想不出办法，这个洞穴可能真的会成为他们的坟墓。于是，他开始思考并尝试种种可能性。

终于，在漆黑的地下岩洞里，刘伟发现了散落在周围的木筏碎片，它们正幽幽地发着蓝光。木片的光亮仿佛让他们看见了希望，于是他们开始改变思维，他们再次回到滑得无法握住的绳子边，心想：如果用手不行，那用脚会不会好一些呢？

于是他们在绳子上套上一个个小小的圈，这样一来，他们就可以把绳子当梯子了。最终，他们顺着"梯子"攀上了峭壁，并走出了这个深洞。

事后，刘伟不禁感叹道："在危急时刻，我们通常都会按照常规想方法，却不曾意识到，传统的思维方式正是我们最大的障碍。很多人的错误在于只想找到那些'立竿见影'的办法，以致忽略了那些更加有效的方法！"

刘伟是幸运的，他的幸运源于他敢于改变思维，跳出既定的思想圈套。倘若他一味地按照常规去思考出洞的方案，可能很难再次见到洞外明媚的阳光。常规思维是我们的惯性，但遇到困境时，如果我们能换一种思路，或许会有更优的解决方案。

生活中的我们，缺少的往往不是运气，而是改变思路的勇气。

所谓"改变思路"，就是要突破传统思想、习惯行为和权威教条，积极地独立思考，挣脱流行的束缚。它的具体表现为：突破已有的研究成果的限制和消极影响；突破自身习性的心理束缚；克服社会文化上的障碍，如顶住社会的舆论压力等。要想做到这些，就必须具备抛掉成见的勇气和吸收新知识的能力。

如果我们只是重复已知的做法，便不可能将技艺打造得更完美，也不可能拥有新的技术。所以为了精益求精，就必须大胆地改变思路去研究新事物、追求新方法，促使自己突破原有的条条框框，做一个更勇敢更优秀的自己。

绝望往往就是因为我们放弃了改变思路，而是一条路走到黑，因此也就很难看到希望的光亮。如果在绝望的境地里能够选择改变思路，那么，你便能先别人一步找到新的出路。反之，纵使再多的机会摆在你面前，你也很难抓住。所以，当我们遇到问题时，应该换一种思维，放下那些陈旧的东西，去开拓自己新的人生！

请记住：命运只会帮助那些懂得改变思路，在绝境中寻求希望的人！

? 静静思考

1.你觉得自己绝望的时候多，还是希望的时候多呢？

2.当你在绝望时，通常会怎样去处理呢？

第六章

从现在开始，
朝着快乐的目标前进

目标，是我们前进路上的风向标，也是我们实现成功的有效手段，它就像离弦的箭一般，能迅速击中人生的靶心。但如果你的箭是支"离心箭"的话，即使你的射击技术再好，也无法获得内心的快乐。而在生活中的我们，常常会因各种各样的顾虑偏离了自己的初心，活得迷茫又压抑、失落且绝望。因此，我们需要大胆地开启脑洞，让创意和灵感冲破束缚，朝着快乐的目标前行！

你最想要的是什么？

迷茫，是因为我们不知道自己究竟想要的是什么。

你期望自己在这个世界上是怎样的生活状态？未来想成为一个怎样的人？你最想得到的东西是什么？这些问题，你是否问过自己？假如没有，那请你现在好好思考，因为这是你人生的方向，唯有找到它，你才能始终保持行驶在正确的轨道上。一辆没有方向盘的超级跑车，即使有最强劲的发动机，也只能停留在原地。所以，不论你希望拥有财富、事业，还是爱情、快乐，找对方向最重要。

王志伟是一家服装厂的老板，近几年来，由于市场原因，他的服装生意一直都不怎么好，他为此很是苦恼。

一个偶然的机会，王志伟看到了一份全国人口的普查报告，报告中说，中国每年有二百五十万婴儿出生。他想：如果每个婴儿出生都至少需要两套衣服换洗，那么每年就需要五百万套衣服，再加上婴儿生长较快，衣服穿不了几个月就会小，所以一年至少要准备五六套衣服，这可是一个非常理想的数额，市场前景十分广阔。

　　但是，服装毕竟不是工厂的主要产业，只是王志伟自己的个人兴趣，如果就这样转型成制造婴幼儿服饰的工厂，风险会不会太大？最主要的是工厂生产婴幼儿服装的技术还不够成熟。但王志伟却对婴幼儿服装的发展充满了憧憬，他认为，现在就是最好的机遇，所以还等什么，放手去做呗！

　　于是，王志伟决定放弃其他产品的生产与销售，专门生产婴幼儿的服饰。

　　刚开始，王志伟的这一举措，引起了不少员工的非议，甚至还有人辞职，以示抗议。但这些都没有动摇王志伟的心，他始终坚持自己的决定，因为他已经明确知道自己的需要和工厂的需要。

　　就这样，在王志伟的坚持下，生产婴幼儿服装的工程全面展开了。自从决定要大力发展婴幼儿服装后，王志伟便一改以往的销售理念，建立了多家营业点，并与数以千计的批发零售商建立了供销关系。很快，这些措施便开始奏效，他乘胜追击，进一步占领了本市的婴幼儿服装市场。王志伟并没有因此而满足，紧接着，他又把目光投向了全国，将自己的婴幼儿服装销售到了很多一线城市。

　　现实生活中，我们总是盲目地去羡慕别人。例如，那些曾经儿时的伙伴，同在一所学校念书的同学，同在一家单位工作的同事，突然在几年之后，都变成了高管、老板或知名人士，这让我们既羡慕，又嫉妒。然而，与其羡慕别人，不如静下心来想一想那些究竟是不是自己想要的。

　　王志伟的成功，就是明确了自己的需要，他需要的不是生活用品厂的老板，而是服装公司的董事长，因此顺利完成转型，成就了更高的事业。这是他需要的，也是他的力量所在。若他一味按照大家的想法继续经营生活用品制造厂，最后的结果只能是工厂倒闭，并浑浑噩噩地度过一生。

卡耐基曾经说过："我们不要看远方模糊的事，要着手身边清晰的事物。"

那么，哪些才是身边清晰的事物呢？我们不妨从下面几个问题入手：

假如给你一次梦想成真的机会，你最想实现的愿望是什么？

如果让你拥有超能力，你最想获得哪种能力？

假如你生命危在旦夕，你人生中最大的遗憾是什么？

假如给你一次重生的机会，你最想做的事情是什么？

……

如果你发现了自己最想要的，请明确地将它记录下来，因为这是你力量的源泉，它会根植在你的思想意识里，并让潜意识帮助你达成想要的一切。所以，尽快找到你最想要的，并以此为目标，努力地去实现它，你要的幸福就在那里等你！

? 静静思考

1.你最想得到的是什么，为此付出了哪些努力呢？

2.你期望自己未来成为一个什么样的人呢？

你才是自己最好的设计师

无须"复制"他人，你才是自己最好的设计师。

很多时候，与其盲目"跟风"，不如亲手规划自己的人生，因为我们才是自己最好的设计师。生活需要创意，有创意的人会让生活更加有趣，充满活力。他们不迷信，不盲从，不畏惧权威，不满足现状，勇于开拓新的方法和渠道，这类人通常都是选择突破和重新建构的领导者，他们果断、坚定、自信，不同于一般人的思维。

郑栓是一个地道的农村人，尽管他没读过什么书，但他头脑灵活，总是会产生各种各样的创意。郑栓所生活的村子附近有一座大山，村民们经常一起去开山，把石块砸成石子运到路边，卖给建房子的人以获取利润，而他当时想：这里的石头总是奇形怪状的，卖重量不如卖造型划算。于是，他直接将石块运到码头卖给杭州的花鸟商人。

三年后，郑栓成了村里第一个盖起瓦房的人。

后来政府不许开山，只许种树，于是那里又成了果园。

　　每到秋天，漫山遍野的鸭梨招来了八方商客，这儿的梨汁浓肉脆，香甜无比。大家都把堆积如山的梨子成筐成筐地运往北京、上海，然后再发往韩国和日本。当大家为鸭梨带来的小康生活而欢呼雀跃时，郑栓却卖掉了果树，开始种起了柳树，此时的他在想，这里都是梨，那客商们应该不愁挑不到好梨，只愁买不到好的梨筐吧？

　　五年后，郑栓成了村里第一个在城里买房的人。

　　再后来，村里面通了铁路，这儿的人上车后，北达北京，南抵九龙。小村庄也已经对外开放，果农也由单一地卖水果，发展成了果品加工及市场开发，大家又开始积极地集资办厂了。

　　然而，郑栓却在他的地里砌了一道三米高百米长的墙，这道墙面向铁路，背依翠柳，两旁是一望无际的万亩梨园。他在想，从这里坐火车经过的人都能够欣赏到盛开的梨花，那为什么不在这里修一道墙，挣那些广告商的钱呢？这方圆五百里内，还没有一个广告牌呢！此后，坐车从此经过的人们，总能看见四个醒目的大字：可口可乐。

　　那道普普通通的墙，让郑栓有了每年四万元的额外收入。

　　当郑栓的这些行为被人传出去后，一家著名企业的老总决定以年薪一百万的高价，聘请他为首席执行官，他的人生又多了新的选择。

也许你会惊讶于郑栓的创意，并对他佩服得五体投地，其实大可不必如此，因为如果你愿意的话，你也可以做到这些。郑栓非常有创意，但他创意的背后，却是无数个安静的深思，每个创意都是他遵从内心的想法去做的，他没有盲目地跟随大流，而是通过思考得出了一个又一个创意。若他一味地盲从，估计他的人生也会与其他的村民一样平淡无奇。

所谓"创意"，就是创造性的意识，指个人对事物独特的认识和理解方式。拥有创意的人，通常都经历过许多变化，就像艺术家的一生就有许多不同的时刻。所以，创意一部分靠天分，更多靠的是后天的长期努力，那么，如何提高我们的创造力呢？我们可以试着从这些方面入手：

1. 学会感恩

回想一下，生活中有哪些事情，或者哪些瞬间给了你力量，从而让你感受到生活的美好？从心里去感受那些记忆，感恩那些人和事。这样，你的内心就会被爱包裹，会感到心灵的释然。而此时，你已经不知不觉地敞开了创造的大门。

2. 激发你的想象力

闭上双眼，选个你认为理想的场景，尝试想象你看到的这一场景中的细节。去注意各种色彩、质地，用心去触摸它。它们摸起来是什么感觉？你听到了什么？闻到了什么？温度感觉是怎样的？想象得越具体越好。

3. 专注于此刻

杰出的音乐家或艺术家，当他们在创造伟大的音乐或艺术品的时候，他们的头脑中没有任何杂念，完全沉浸在此刻的创作之中，感受意识的流动。所以你可以通过对你此刻做的事情倾注全部的注意力，来尝试练习仅把全部意识集中在当前时刻的能力。

4. 寻找替代方案

当你看到了一个问题的解决方案之后，再问一问自己："还有其他方式可以做这件事吗？"心理上建立起这样的一种态度——"总有另一种方法"，即便其他方法看起来似乎"不可行"时，也要如此。

> **？静静思考**
>
> 1.你的每个决定都发自内心吗？
>
> 2.你是一个喜欢追随大众的人吗？

别放过任何一个灵感

抓住一闪而过的灵感，那是指引你走向幸福的光。

很多时候，我们的想法来自书籍，来自他人的介绍，来自对现状缜密的思索，来自对目标锲而不舍的追求。然而，一闪而过的灵感如同漫漫黑夜突如其来的闪亮火花，能点亮你人生的路标，能鼓起你前行的勇气，能坚定你的行动，能带你进入一个新的世界。千万不要低估了突发奇想对成就自己的重要性，因为指导你走向幸福之路的，有时就来自瞬间的灵感。

出生在美国的乔治·斯太菲克退伍后，在伊利诺伊州一个退役军人管理医院疗养。在疗养期间，无所事事的他百感交集，对未来感到茫然，他不知道自己的人生应该怎样走下去。

一天，斯太菲克在报纸上看到，很多洗衣店都把刚熨好的衬衣折叠在一块硬纸板上，以此来保持衬衣的硬度，避免皱纹。于是，他给洗衣店打了几个电话，得知原来这种衬衣纸板的价格并不便宜，这让他顿时产生了灵感：如果以低于市场的价格出售这些纸板，并在每张纸板上刊登一则广告。那这些纸板走进洗衣者的家门，不就是一条活广告吗？而登广告的人当然要付广告费了，广告费可比这些纸板挣钱，这样一来，自己不就可以从中获得一笔不小的收入吗？有了这个想法后，斯太菲克便想尽快实现它。

出院后，斯太菲克立即开始了行动。初期面临了许多问题，找供应商、定价格、建立客户资源等，他都一一克服了。等一切渐渐步入正轨，他又开始寻求新的突破，他发现，衬衣纸板一旦从衬衣上撤除之后，就不会被洗衣店的顾客所保留，这样大大降低了自己的广告效益，怎样才能使那些家庭都保留这种登有广告的衬衣纸板呢？这天，闲在家的斯太菲克让妻子将那些旧报纸卖掉，但妻子却说，等她看完那些笑话后再卖，这让他茅塞顿开，想出了解决纸板问题的方案：在衬衣纸板的一面继续印彩色广告，而在另一面增加一些新的东西——比如一个有趣的儿童游戏，或一个供家庭主妇用的食谱，抑或一个引人入胜的字谜……

斯太菲克的想法很快有了效果。那天，在大街上闲逛的他，发现一个男人正在抱怨自己的妻子，为什么把刚洗好的衬衣又送到洗衣店去？

这些衬衣他完全可以再穿一天。妻子之所以这样做，其实是为了得到那些纸板上的菜谱，以烹调出更加可口的菜肴。斯太菲克看着这一切，欣慰地笑了。

是瞬间的灵感，给斯太菲克带来了不一样的人生，倘若我们能紧紧地抓住瞬间的灵感，没准也可以拥有这种不一样的人生。当然，这些灵感并不是凭空而来的，而是勤于思考的结果，若想像斯太菲克那般，在关键时刻迸发出灵感，就必须在繁忙的生活中，抽出固定的时间来进行思考。

　　一旦养成了勤于思考的习惯，你便会惊奇地发现：无论什么时间、什么地点，甚至就连洗碗、洗澡或骑自行车时，你都可以获得一些新奇的灵感。此时此刻，你一定要使用人类发明的伟大而又简单的工具——铅笔和纸，随时记录突然来到你脑海中的灵感。

　　随时记录突如其来的灵感，并形成一种习惯，是你抓住灵感最直接、也最有效的方法。有了想法就记录下来，然后再付诸实际行动。很多人都知道树立目标的重要性，却不知道灵感对于目标的作用，它就像一个催化剂，能加快你实现目标的速度。所以，抓住你每一个奇妙的灵感，那是你照亮梦想的光。

❓静静思考

1.你是否经常会在自己的计划中增添一些新的想法？

2.当你灵感突现时，是立即记录下来，还是让它消失？

计划，你真的懂吗？

计划是提高效率的手段，但只有从"心"出发，才能更接近目标。

计划一直都是我们实现目标的捷径，更是提高效率的手段。因此，我们在制定人生计划时，一定要先检查手中的"箭"是否偏离了内心，否则，你的人生便只能在弯路里打转了。

李丽出生于一个小城镇，从小她就温柔善良，十分孝顺自己的父母。她一直梦想有一天能够走出这个小镇，带父母到大城市生活。通过刻苦学习，李丽终于考上了上海的一所大学，眼看自己离梦想越来越近，她心里非常高兴。然而，事情却并没有如她想象的那般发展。毕业前夕，李丽满怀憧憬地想要在上海打拼，扎根，可是面对严峻的就业形势以及父母的强烈期盼，她实在无力抗衡，只能服从家里的安排，回小镇工作，与这里的许多人一样，过着平平淡淡、安安稳稳的小生活，没有城市的热闹喧嚣，竞争和挑战，只有眼前的柴米油盐。

对于李丽来说，这不是她内心的选择，她不甘心就这样过一辈子，所以时常还是会冒出想要改变的念头，但也不过是想想罢了，因为她有着太多的顾虑，她害怕改变会令她失去现在这种安定的生活，她更害怕自己承担不起未知的将来。就这样，她一次又一次放下心中对诗与远方的期待，过着自己不情愿的日子。

几年时间过去了，李丽也到了谈婚论嫁的年纪，她再度陷入了迷茫，不知道自己的未来到底应该如何发展。这时，在大城市工作的同学劝她道："其实，不用害怕，如果你有目标的话，只要列个计划，一步一步地去实现它就好了！像我，从一个城市到另一个城市，然后结婚、生子、换工作，按照计划好的在进行，虽然我还没有实现自己的目标，但每天都过得很充实。"

然而，李丽最终还是禁不住父母的劝说，服从了家里的安排，与镇上一位门当户对的男人结了婚。婚后整天都被家务缠身，忙碌着一些琐碎的事，就连逛街的时间都没有。

跟朋友闲聊时，李丽说得最多的一句话就是：我现在只想多挣点钱，买套房，然后生个健康的孩子，别的我也不再多想。

虽然在她的内心深处，依然非常羡慕那些在大城市里、为自己的理想挥洒智慧与汗水的朋友们，而她自己早已没有了活力，也只能就这样暗自伤神地过一辈子。

在我们的现实生活中，类似于李丽的人并不少，他们也有自己的一套人生计划，却始终都得不到快乐。这里并无意谴责或推崇某种生活方式，只是想告诉那些不太满意自己现状的人，如果你觉得当下的生活让你非常的苦恼和不快乐，那么不妨重新给自己列一个计划，不要等到迟暮之年再追悔叹息。

　　所谓"心"计划，就是按照你内心的真实想法来规划人生，你需要什么就去学习什么，你想得到什么就去追求什么，而不是听从朋友或父母的意见，屈服于现实的生活压力，去盲目地跟随社会的大流。人的生命十分有限，我们必须清晰地认识到，自己这一生最重要的是什么，只有这样，我们才不会一辈子碌碌无为、一事无成。

　　还等什么？现在就好好审视一下自己的内心，然后给自己列个"心"计划，让自己始终朝着快乐的目标前进。

> **❓ 静静思考**
>
> 1.对于你想达到的目标，是否已经列好了一套计划？
>
> 2.你所有的人生计划都是按照自己的意愿去排列的吗？

不要习惯于惯性

习惯是一个可怕的东西，它会让你变得懒惰，唯有改变，才能带给你持续的快乐。

现实总会给生活带来阻碍，当我们习惯了金钱的至高无上，利益的一马当先时，人生就无法结出最绚烂的果实，唯有改变，才能将荒漠变成绿洲，才能带给你幸福和快乐，才能为生命创造最大价值。行动能令心灵不再故步自封，并燃烧所有思想的垃圾，它不但可以摧毁憧憬里的海市蜃楼，击碎眼前的坚固冰川，更重要的是，它能去浊扬清，让你看到一个澄清的世界！

许娜非常喜欢广告设计，大学便选择了广告设计专业。大学毕业后，大家都面临着求职的严峻考验，而许娜却能在众多求职者中脱颖而出，为自己获得了一次机遇。

那天的求职应聘考试由人力资源部经理亲自面试，大家一进门，经理就指着办公室内并排放置的两个高大的铁柜，说出了考题——自行设计一个最佳方案，要求不搬动外边的两个铁柜，不借助外援，将里面的那个大铁柜搬出办公室。

当时大家都愣住了，一个个面面相觑，望着每个起码有五十多斤重的铁柜开始小声嘀咕起来，不知经理为什么会出这种怪题，可再看看经理那一脸的认真和严肃，他们感觉到这是一道非常棘手的问题。

经过两个小时绞尽脑汁地思考，这些应聘者纷纷交上了自己设计出的方案，有的利用了杠杆原理，有的利用了滑轮技术，还有的提出了分割设想……但经理似乎对这些设计方案都不是很满意，只见他信手一翻，便放在了一旁。

许娜没有设计出任何方案，按照常理，应聘者是应该设计解决方案的，但直觉告诉她，无论怎样的方案都无法实现这一目的，唯有打破常规，才能找到真正的解决方法，而方法很可能就在里面的那个大铁柜上。她必须先试一试，才知道自己的想法是否正确。

许娜径直走到了里面的铁柜前，尽管内心很忐忑，但还是用手轻轻地拽了一下柜门上的拉手，让人意想不到的一幕出现了，那个铁柜竟被柔弱的她一手给拽了出来——原来，里面的那个柜子是用一种超轻化工材料做的，重量轻得很，只是外面喷了一层与其他铁柜一模一样的铁漆，所以她很轻松地就将它搬出了办公室。

此刻，经理终于露出了难得的笑容，说道："这位小姐设计的方案才是最佳的，因为她懂得再好的设计，最后都要落实到行动上！"

有人会羡慕许娜的幸运，其实那并不是偶然，而是她遵从自己内心的必然，只要你的每一个行动都是发自内心的，那你也可以做到这一切。每个人来到这个世界上都有着神圣的使命，行动就是使命的脚步，它不仅仅是为了谋生，更重要的是为了实现自己的目标，发挥你的才能和力量，成就梦寐以求的自己。

现实生活中，并不是处处都青山绿水，面对荒山，有的人只会习以为常的抱怨，而不是改变心态，用实际行动去改造它。要知道，所有辛勤的劳动都是崇高和神圣的，在物欲横流的当下，人生已经掺有太多的杂质，或许我们不可能成为至善至美的人，但我们至少可以用行动来创造自己更高的价值。

那么，我们应该怎样改变自己，才能用行动创造更高的价值呢？

首先，你必须知道自己需要的是什么。问问你的内心，你想要的究竟是怎样的生活，这些需要会让你在每次获得成功后备受激励，而激励会让你愿意付出更多的努力。

其次，要给自己灌输积极的潜意识。这些积极的暗示，能让你自发地行动，从而起到事半功倍的效果，这有助于你更快达到自己预想的目标。

再次，在遵循目标的前提下，让自己进行更多的思考。要知道，你对目标思考得越多，就越能激发你的热情，而你的梦想，也会变成热切盼望实现的愿望，你的行动自然也会自觉跟上思想的步伐。

最后，让自己始终朝着内心的目标去思考问题。如果你知道自己想要的是什么，那就不难察觉到一些隐藏的机会，如此一来，便能提高你对机遇的敏感度，这些机会能帮助你快速达到目标。

？ **静静思考**

1.当你制订好一个目标时，是否会立即行动?

2.回忆一下那些被自己搁浅的计划，想想当初为什么放

　弃了它们?

在行动中调整计划

计划并不一定是刻板的、教条的，它也可以随心而动！

不能否认计划对实现目标的作用，但如果完全依赖计划，会让我们受到限制，若完全抛弃计划，我们则难以实现梦想。因此，在制订计划的同时，除了展开积极的行动外，还必须在行动中进行调整，即根据自己内心的改变不断地完善计划，这样，我们前行的道路上才能少些阻碍，多些快乐。

李毅无论如何也想不到，自己有一天会成为当红巨星。

童年时，李毅的梦想并不是当明星，而是成为一家餐厅的老板，让每一位顾客都能感受到家的温暖。为了能够实现老板梦，他还列出了一份计划清单。

长大后，李毅依旧没有改变自己的想法，但是由于资金不足，大学毕业后的李毅决定先去别人的餐厅实习一段时间，待自己积累一定的财富和经验后，再去实现自己的老板梦。谁曾想，这一去，却让他无意中闯入了演艺圈。

像很多电影里演绎的一样，李毅的演艺之路也富有传奇色彩。当时的他还是饭店的服务员，却被前来吃饭的一位星探发现了，起初他只是出于好奇答应了接拍一部广告。然而，广告播出后，他英俊的外形受到了大家广泛的关注。银幕上的李毅有一种与生俱来的硬朗气质，这与他忧郁的眼神实现了完美的融合，观众们都情不自禁地对这个男人产生了好感，超高的人气让他成功地进入了娱乐圈，辉煌的演艺生涯也从此拉开了序幕。

李毅刚开始演戏是为开餐厅挣本钱，然而接拍了几部影视剧后，他却真的爱上了演员这个职业，爱上了银幕上不一样的自己。

在拍戏期间，一个朋友曾告诉李毅开饭店的事有希望了。朋友通过自己的人际关系，和一家著名的连锁餐厅老板达成协议，可以免交押金经营分店。当时的李毅，虽然已攒够了开餐厅的资金，但他却更爱演戏。经过激烈的内心斗争，他决定改变曾经的计划，便委婉地拒绝了朋友的好意，更专注于自己的演艺事业。

接下来，李毅便开始按照新的计划前进：先学习再实践，然后不断重复这一过程。除此之外，他还给自己定了个规矩，那便是剧本不好或粗制滥造的影视剧，无论给多少钱都不演。这些让他成了娱乐圈里的一股清流，不但获得了观众们的喜爱，也让人肃然起敬。

人生有了计划才不会因周围的诱惑而方寸大乱。如果说梦想让我们知道自己想要什么，那目标就是告诉我们可以做什么，而计划则教会了我们应该怎样去做。但这并不意味着计划一旦制订，便再也不能改变，它与目标一样，当你意识到目前的计划不仅难以实现，而且已经不是自己想要的了，那就完全可以考虑对计划做出适当的调整,从而使它更加完善。

是的,计划可以帮助我们实现目标,但如果一个人的行动完全按照计划进行,那么他的创造力就会有所下降,变得刻板、教条,有时甚至还会给计划的实现带来阻碍,最终被计划的框架所束缚。在这种情况下,若继续按计划行事,反而不利于目标的实现,梦想也难以成真。所以,我们应该根据内心的变化来灵活地制订、执行计划,随时随地以目标和梦想为标准,使计划变得更加科学合理。

生活中真正不变的恰恰是变化本身,我们必须具备灵活应变的能力,既要在身处外界时获得自由,也要在心灵深处给自己更广阔的空间,不被命运所限,也不被客观条件所限,更不能被自己所限制!

？静静思考

1.当你实现自己的计划时,有没有想过其他更好的方案?

2.当你在计划中遇到阻碍时,通常会怎么做呢?

第七章

适时的放手，
也是一种快乐

很多时候，生活就是一种权衡得失的艺术：若想装进一杯新泉，就必须先倒掉已有的陈水；要想获取一枝玫瑰，就必须先放弃已经到手的蔷薇；要多一分独有的体验，就必须多积累一分心灵的创伤。同样的道理，如果你想走进属于自己的人生，就必须先放弃那条不属于自己的路，虽然放弃会让你不舍，却能让你重新获得快乐。

放弃没有想象的那么难

我们只有放弃了不想要的，才能得到自己想要的。

这世界从没有完美的人生，我们也不可能什么都能拥有，有舍才有得，但很多人却不明白。有的人放不下到手的名利，整天东奔西跑，荒废了工作也在所不惜；有的人放不下诱人的钱财，成天费尽心机，利用各种机会想捞一把，结果却是作茧自缚；有的人放不下对权利的占有欲，热衷于溜须拍马、行贿受贿，不惜丢掉人格和尊严……

殊不知，人生也需要放弃，因为只有放弃了不想要的，才能得到自己想要的。

许乐原本是公司的一名销售员，虽然这不是他喜欢的职业，但为了养家糊口，他每天都在拼命工作，勤奋努力的他没过几年，就从一个小职员走上了部门经理的位置。但他却并不开心，每当夜深人静时，他总有一种莫名的压抑感，而且随着时间的累积，这种压抑感愈演愈烈，许乐不得不选择辞去工作。

这天，许乐忧心忡忡地回到家，一言不发地呆坐在沙发上，他不知该如何向妻子说明这一切，毕竟他辞去了一份很好的工作。当妻子得知这一切后，并没有半句怨言，反而高兴地对他说："这不是很好吗？现在你可以静下心来，专心致志地做你自己喜欢的事了。"原来，对于丈夫的压抑，妻子并不是丝毫没有察觉。

"我喜欢的事？"许乐有些迷惑了，这单调的生活已经让他麻木。

"是啊，你不是很有文学天赋吗？那就当个专职作家好了。"妻子接着说。

当作家，许乐不是没想过，他曾经也是抱着当作家的梦想读的文学系，只是现实的生活已经让他麻木，忘记了自己最初的梦想。既然已经辞职了，那么就给自己一次冲击梦想的机会吧。于是许乐决定，尝试写作出书。

第二天一早，许乐打扫好自己的房间，并将书桌和椅子摆放整齐，就像年轻时自己设想的一样，铺好稿纸，拿起心爱的笔，将一腔的抑郁不快和颓废沮丧化作一片激情，让灵感在稿纸上尽情舞蹈，让一个个鲜活生动的面孔跃然纸上。

现在的许乐似乎比在上班时还要忙，每当深夜降临时，他便文思泉涌，一直奋笔疾书到曙光初现。他明白，自己不再是那个庸庸碌碌的销售经理了，每天不停地奋笔疾书是他的工作，也是他的兴趣，他的理想。当然，更重要的是，这是他想要的生活，尽管来得晚了些。

就这样，许乐每天都在快乐地创作，时间也在不知不觉中过去了，许乐终于耕耘出了一部现代都市小说，这本书一经出版，便深受读者们的喜爱。

人生需要我们放弃的时刻有很多，如当同窗数载的朋友紧握双手，互相轻声说保重的时候。放弃一段友谊固然会于心不忍，但每个人毕竟都有各自的旅程，我们又怎能贪恋一时的陪伴呢？唯有放弃，我们才能拥有更为广阔的友情天空。

再比如，当心爱的恋人转身离去之时。对任何人而言，放弃一段感情都是非常困难的，尤其是放弃一场刻骨铭心的爱恋，但既然那段美好的岁月已经悠然遁去，既然那个熟悉的背影已经渐行渐远，又何必在一个地方苦苦地守望呢？不如冷静地后退一步，适时选择放弃，说不定一切又将柳暗花明。

"鱼和熊掌不可兼得"，如果不是我们应该拥有的，就必须学会放弃。几十年的人生旅途，有所得也必然会有所失，一味地追求得到，只会让我们受功名所累，唯有适时地放弃，才能轻装前行。

人生需要放弃，只有学会了放弃，才能拥有一份成熟，才会活得更加充实、坦然和轻松。如果许乐没放弃之前那份体面的工作，又怎能成就他今天的辉煌。

若想做到不患得患失，就要善于分清眼前的利益与长远的利益，并在适当的时机果断地舍卒保车，这样才能获得圆满的人生！

? 静静思考

1.你觉得自己现在的生活够圆满吗？

2.若你弄丢了一件陪伴你多年的物品，你是否会不开心很久呢？

请给自己一点勇气

能够放弃自己眼前之物的人，才是真正有智慧的人。

人都是有惰性的，谁都贪恋温暖的被窝，谁都想过安逸的生活，然而正是这种舒适泯灭了我们的梦想。生活中，我们常常因留恋眼前的享受，而选择停滞不前，殊不知，你真正的幸福，早已经在不远处等待着你的到来。也许错过了这一次的机遇，这一生都可能无法实现自己的梦想了。所以，勇敢地放弃眼前之物，也许是另一种拥有的开始。放弃，其实是另一种拥有。

许文是一名读国际经贸专业的大学生。在校期间，他勤奋好学，深得师生们的喜爱，大家都觉得他能在商场上有一番作为。可谁曾想，大学毕业后，他竟在父母的安排下回老家的银行工作。

许文惬意地干了一年后，便陷入了苦闷，虽然工作轻松，待遇也很好，但与他所学专业毫无关系，他可是国际经贸专业的高才生啊！在现在这个岗位上根本就是英雄无用武之地。他想到了辞职，想趁着年轻出去闯一闯。可他又有点儿留恋眼下的这份舒适，外面的世界虽然很精彩，但风险也大啊。

　　就这样，许文陷入了困惑，不知该如何取舍。于是，他便去请教自己大学时非常敬重的一位教授。教授听后，没有直奔主题，而是给他讲了一个小故事：

　　"一个农民在山里砍柴时，捡到了一只样子怪怪的鸟。那只怪鸟与出生刚满月的小鸡一样大小，还不会飞，挺可爱的，于是，农民就把这只怪鸟带回了家，送给小女儿玩耍。调皮的小女儿玩够了，便将怪鸟放在小鸡群里充当小鸡，让母鸡养育。就这样过了一段时间，怪鸟渐渐长大了，人们才发现它竟是一只鹰，村民担心鹰再长大一些会吃光这里的鸡，于是要求：要么杀了那只鹰，要么将它放生，让它永远也别回来。所以，农民不得不把鹰带到很远的地方，将它放生。

　　"谁知，没过几天，那只鹰又飞了回来。他们驱赶它不让它进家门，甚至还将它打得遍体鳞伤都无法成功。

　　"后来村里的一位老人说，'把鹰交给我吧，我会让它永远不再回来。'随后，老人将鹰带到附近一个最高的悬崖峭壁下，将鹰狠狠地向悬崖下的深洞扔去。这时，大家看到了神奇的一幕，只见那只鹰开始时如石头般向下坠落，但就在它快到洞底时，却突然张开双翅托住了身体开始缓缓滑翔，最后轻轻拍了拍翅膀，飞向了蔚蓝的天空。它越飞越自由舒展，越飞越高，越飞越远，渐渐变成了一个小黑点，飞出了人们的视野，终于再也没有回来过。"

　　听了教授的故事，许文如梦初醒。几天后，他果断辞去了公职，走上外出打拼的道路。他凭借自己的文凭，进入到一家金融企业，从最基层做起，由于他勤奋好学，工作又踏实认真，不到一年的时间，他便学到了一套过硬的销售技巧，坐上了销售部经理的位置。

我们每个人又何尝不像那只鹰一般，总是对现有的东西不忍放弃，对舒适的生活恋恋不舍。面对物欲横流的社会，懂得放弃的人，会用乐观、豁达的心态去看世界，所以，他们每天都有愉悦的心情相随。而不懂得放弃的人，只会焦头烂额地横冲直撞，他们不仅最终达不到目标，还会每天都陷于得失的苦恼中。

孟子有云："生于忧患，死于安乐"，人只有在逆境中，才能将压力变成动力，才能被激发出更大的潜能与斗志，才能为改变现状及抗争命运做出永不停歇的努力与拼搏。越是处于安逸之下的人，就越容易被一时的舒适所麻痹，最终逐渐丧失奋斗与进取的动力。

很多时候，我们因为不能忘记过去的成功，不忍放弃已经拥有的名利，不能抛开安逸的生活，而畏首畏尾地不敢遵从自己的内心，最终碌碌无为地过完了这一生。此时，你不妨斩断自己所有的退路，将自己置身于命运的悬崖绝壁之上，勇敢地闯过去，你会收获另一片更广阔的天地。

适时的放弃，就是给自己一个向生命高地冲锋的机会。只有过你自己想要的生活，你才能快乐，才能最大限度地开发出自己的能力。你若想过得快乐，就必须在关键时刻把自己带到人生的悬崖俯冲而下，才能给自己一片蔚蓝的天空。

因为，放弃是另一种拥有的开始。

? **静静思考**

1.面对一份向往已久的新工作，你愿意放弃现在已有的职位吗？

2.当你想要的改变需要放弃现在的生活，你会怎么办呢？

停止真的是后退吗？

停止不代表不前进，而是选择一条适合自己的路，加速前进。

也许在人生的某个特定时刻，我们会面临瓶颈，此时，你不妨停下来，审视一下你自己的内心，想一想你想要的是什么？选择一条适合你的路，加速前进。很多时候，停止并不代表不前进，而是稍作休息，看清自己要走的路，以便更好地去前行。只要你学会了适时的停止，也就学会了怎样去生活。

丁磊的非凡成就来自于两次适时的停止，一次在二十三岁，另一次在三十二岁。二十二岁时，丁磊随家人一起来到了北京。那时，他在一家广告公司找到了一份不错的工作，一边打工一边去自学创意学的知识。

丁磊思维活跃，工作又细致认真，因此在广告公司表现突出。但是，一年后，他却辞去了广告公司的工作开始自己创业，经营创意公司。这是他人生中第一次停止前行的脚步。

　　创意公司的主要任务就是向客户出售好的创意。在当时，这种性质的工作对人们来说很陌生，做起来也困难重重，几乎所有人都不看好他，但他却坚持自己的想法，卖力地去宣传和游说顾客。结果丁磊真的做到了，客户们渐渐接受了他的公司，开始尝试着跟他合作。之后，一家跨国企业看中了丁磊的一套广告创意方案，便与丁磊签订合同，成为长期合作伙伴。

　　几年之后，丁磊的公司发展得很不错，这时丁磊的好友想邀请他一起开创一个综艺节目，好友知道丁磊是个创意人才，并且他也非常喜欢展现自己与众不同的创意。丁磊得知这个消息后，考虑了很久，一边是自己的创意公司，一边是自己很有兴趣的电视制作，如何取舍，他一时间犯了难。而最后，丁磊选择放弃自己已有的公司，去接受新的挑战，而这个时候他三十二岁。

　　事实证明，丁磊的这次放弃又是正确的，因为他多样化的创意，让他们开创的综艺节目都获得了空前的成功。这便是丁磊人生中的第二次止步。其实，这次的冒险并不完全是孤注一掷的，因为丁磊这几年一直都有对电视节目进行市场调查，他发现综艺节目着很大的发展空间，而自己层出不穷的创意正好能够迎合市场的需求，所以才做出了这样的选择。

丁磊的两次止步，成就了他事业上的神话，而做出止步的决定是非常难的，因为眼前可能是幸福，也可能是深渊，也正是这种机遇和危机共存的特点，才让那些敢于放弃、敢于冒险的人脱颖而出。而那些徘徊、观望的人最后只能无奈叹息。由此可见，唯有进退从容、积极乐观的人，才能迎来光辉的未来。

反之，如果丁磊当初没有止步，而是在广告公司继续工作，想必他无论如何努力，也都只能是一个打工者，绝不会像现在这样能拥有自己的事业。有时，得与失的转化，并不是马上就能看见的，但懂得其中奥妙的人，都会掌握取舍的主动权，让它发挥出意想不到的效果。人生在世，何惧止步。适时的停止是另一种加速，因为没有明智的停止，就没有厚积薄发的加速。

请学会适时的停止脚步吧！请停止不切实际的幻想和难以实现的目标，而不要停止为之奋斗的过程和努力；请停止那种毫无意义的拼争和没有价值的索取，而不要停止奋斗的动力和生命的活力；请停止那种金钱地位的搏杀和奢侈生活的享受，而不要停止对美好生活的向往和追求。不要怀疑自己的需要，因为适时的停止既是一种智慧，也是人生中一道亮丽的风景！

? 静静思考

1.当人生遭遇瓶颈时，你会选择停下来休息片刻吗？

2.现在的你，是在享受生活，还是在受生活的压迫呢？

幸或不幸全在一念之间

人生是一道选择题,有的人选择了幸福,而有的人却选择了痛苦。

人的一生中会面临很多选择,如学校、工作、爱情、婚姻,等等,有些人做出了正确的选择,进而获得了快乐,但有些人却因贪图一时的快乐,而放弃了长久的幸福。是的,欲望是人的一种生理本能,但为什么有的人并不富有,却依然过得快乐呢?因为他们能够抑制自己的贪念,放弃那些别人眼中的幸福,进而去追求属于自己的幸福!

这一年,王勇与自己的好友阿金一起外出打工,原本王勇打算去上海,阿金打算去北京。但在临上车时,他们突然改变了主意,因为他们在车站听到了这样的议论:上海人精明,外地人问个路都要收费;北京人质朴,看见吃不上饭的人,不仅给馒头,还给旧衣服。

于是,王勇想:还是去北京好,即使挣不着钱,也饿不死,说不定还能交上几个朋友呢,自己开心最重要。但阿金却想:出去打工就是为了挣钱,还是去上海好,给人带个路都能挣钱,上海挣钱也太容易了。

就这样，两个人交换了车票，阿金去了上海，王勇则去了北京。

到了北京后，王勇发现：北京人果然很好，不仅银行大厅里的矿泉水可以白喝，而且，商场里做广告的点心也可以白吃。最重要的是，北京人热情，做什么都有人帮你一把，在这里工作真高兴。到了上海的阿金却发现：上海是不错，带路可以赚钱，看厕所可以赚钱，弄盆凉水让人洗脸也可以赚钱……

尽管阿金在上海并不开心，但为了挣钱，他还是选择留在了上海。既然来上海就是来挣钱的，那就努力工作吧！于是，他努力地工作，所有事都围绕一个字：钱！凭着自己的"聪明才智"，几年后，阿金从一个外乡人，变成了一家公司的部门经理。但他的为人却不再质朴和善，而是变得越来越势利，因此，在上海偌大的城市里，他只能独来独往，形单影只。

而远在北京的王勇却生活得十分滋润。工作中，他对人对事都非常热情，再加上他自身的朴实，深得同事们的喜爱，大家也非常乐意帮助他，在这种平和的氛围中，他勤奋努力、踏实肯干。几年后，在大家的一致推荐下，他终于也当上了部门经理。不仅如此，在热心人的介绍下，他还顺利地解决了自己的终身大事，开始了幸福的婚姻生活。

这一天，公司派阿金去北京洽谈一笔生意，凑巧的是，跟他谈合作的正是他的老乡王勇。见面的那一天，阿金得到了大家的热情欢迎，因为同事们都知道他是王勇的老乡。也许，这对于王勇不算什么，但对于一直饱受孤寂、压抑已久的阿金来说却是天大的幸福。

细心的王勇看出了阿金的不同，于是在会议结束后询问了他的近况。

看着老乡王勇真诚的目光，阿金终于说出了自己的心里话："我太看重金钱，而忽略了自己内心的需要。我以为金钱就能让我快乐，可是现在我有钱了，却一点都不开心，孤身一人在大城市，还不如在乡下快乐！"

人生无处不在选择，而选择往往又意味着需要取舍，虽然这会让我们有所失去，但请记住，不要害怕放弃，因为只有放弃了痛苦，才能冲破人生的藩篱，获得自己想要的幸福！从这个意义上来讲，幸与不幸常常就在我们的一念之间，天堂抑或地狱也全凭我们自己来把握。适时地放弃，不仅是幸福的出口，还是人生的一门艺术。

放弃是一种量力而行的睿智。

大观园内的王熙凤，精明能干，远胜过贾府中的任何一位男子，但她太争强好胜，万事劳心，终为所累，反误了卿卿性命。人为血肉之躯，精力有限，时间亦有限，因此，我们应该学会取舍，取其要者而为之，不要者而舍之，不为琐事而劳心伤神。俗话说："身体是革命的本钱"，一旦身体受到损失，皮之不存，毛将焉附？

放弃是一种顾全大局的果敢。

放弃是需要勇气和胆略的。面对全军覆没的危险，有胆略的军事家会说：三十六计，走为上计；面对将要破产倒闭的厄运，有眼光的企业家会说：留得青山在，不怕没柴烧。新中国成立前夕，在大兵压境时，毛泽东便因毅然放弃了过延安，才获得革命的胜利，而落水的财主，却往往因舍不得腰间沉甸甸的铜钱而最终葬身鱼腹。

放弃是一种泰然处之的大度。

汲汲于名利的人，永远不会知道满足。金山银山，换不来会心一笑；机关算尽，只留得千年骂名。请记住赫拉克利特的话：优秀的人宁愿只要一件东西，也不要其他会逐渐变质的一切，那就是宁取永恒的光辉而不取毁灭的事物。

若你过得不幸福，不妨问问自己，是否一不小心放弃了它？

？静静思考

1.你是否时常会感觉到压抑呢？

2.如果你可以再选择一次自己的人生，你会怎么做？

做自己喜欢的事

当我们为了父母、子女、爱人而努力工作时，也可以选择为了自己而工作。

人们常说，"职业不分贵贱，英雄不论出身"，可一旦涉及具体"该做什么"和"不该做什么"的时候，又不得不让人慎重考虑。面对工作，有时候我们不知道自己能做些什么，也不知道自己想做些什么，因此很多人都在工作初期野心勃勃，充满了对未来的美好憧憬，可一旦激情褪去，便像泄了气的皮球般全然没有了动力，以致年过半百之时依然一事无成。

可见，在面临抉择时，一定要诚实地面对内心，去选择自己喜欢的事物。

喜欢播音的程城，大学毕业后，迫于现实的压力，做了一名外卖小哥，主要负责给附近的写字楼送外卖。刚开始时为了生存，他还能够挺住，但后来越来越郁闷，因为不是自己喜欢的工作，总也提不起干劲，还经常在送餐过程中出错。终于，老板受不了他频频出现的游离状态，他被解雇了。

失业在家的程城在网络上看见了一档大学生就业指南的节目，就业专家在节目中说："在激烈的社会竞争中，很多大学生都开始迷茫，并在就业压力的驱使下，去做一些自己不喜欢的工作，结果往往都不如意，不仅浪费时间，也会打击个人的自信心。如果是从事自己喜欢的工作，就不会出现这种状况，即使工作很累也会每天充满干劲儿。"

专家的一席话，让程城顿时醒悟，他决定去电台应聘，无论做什么，他都愿意去尝试，因为这是他最接近梦想的地方。电台的人事部领导被他的真诚和勇敢打动了，让他做了播音员助理。

在电台工作期间，程城踏实努力，不仅工作上认真细致，他还利用空闲时间学习了很多有关播音的专业知识。机会总是会眷顾那些努力的人，这天，电台主持人有事赶不上直播，程城"临危受命"，负责了当天的节目，节目收听率不但没有下降反而上升了不少。因此，从那以后，只要主播不能来，便由程城来顶替。

就这样，一年过去了，节目准备加入新主持人，在推荐大会上，领导极力推荐了程城。

试播的那一天，程城让所有人看见了自己的实力，他不但沿袭了上一任主播的长处，而且还有自己的主持风格，最后他如愿以偿地做了主播，并且他的风格也让听众耳目一新，很快便受到了听众的追捧。

当你踏进社会时，面临的第一个选择就是你的工作。你将如何谋生？你准备做些什么？是农夫、邮差、化学家、森林管理员、速记员、兽医、大学教授……还是自己去创业？也许你的决定可以成就你的一生，也许会毁灭你的一生，那么当面临这个重大抉择时，我们究竟应该怎么选呢？

答案是尽量做你喜欢的工作！面对日益激烈的社会竞争，每个人都有不同的选择，但是有一点我们必须要明白：自己合适的、热爱的才是选择标准。人的一生，其实就是不断选择的过程，我们要学会在各种选择中找到自己的最爱，而不能因为家人或朋友希望你做什么，你就做什么，应该是你发自内心的喜欢，否则还是不要浪费自己的时间为好。

在现实生活中，要做到这一点并非易事，或许这些方法对你会有点用：

第一，不要盲目地选择高薪职业。

避免选择那些原本就已经拥挤的职业。现代社会，谋生的方法有数万种，但很多人却不知道这一点。择业之初，大部分人都会向有"钱途"的行业里挤，而那些职业已经人满为患了。如果你想进入已经过度饱和的圈子，一定要事先考虑清楚，因为这势必会费一番大工夫。当然，如果你喜欢，那就另当别论了。

第二，不要饥不择食。

避免选择那些维持生计的工作，这样的工作往往很难获得成功。不要单纯地为了维持生计而选择挥霍自己时间和精力。

第三，一定要做好准备。

在你决定投入自己喜欢的职业之前，先花点时间对该项工作做个全盘的认识。如何才能达到这个目的？你可以和那些已在这一行业中做过 10 年、20 年或 30 年的前辈进行交流，吸取他们成功的经验。

? 静静思考

1.你在选择工作时是否只看重报酬?

2.工作中的你是否充满了激情呢?

两种人生你怎么选？

要想得到快乐的人生，就必须先放弃不快乐的人生。

生活的艺术就是权衡得失的艺术：若想装进一杯新泉，就必须先倒掉已有的陈水；要想获取一枝玫瑰，就必须先放弃已经到手的蔷薇；要多一分独有的体验，就必须先积累多一分心灵的创伤。同样的道理，如果你想走出属于自己的人生，就必须先放弃那条不属于你的路，在这种放弃中，你往往能感受到快乐。

徐杰在上高中时，校长曾一脸无奈地对他母亲说："这孩子或许不适合读书，他的理解能力比一般人要差，以他现在的智商，估计很难考上理想的大学！"迫于现实的压力，母亲只能伤心地将徐杰带回家，准备靠自己的力量将他培养成才。

但是，徐杰对读书确实不怎么上心。有一天，当徐杰路过一家正在装修的超市时，他发现有一个人正在超市门前雕刻一件艺术品，他对此十分感兴趣，立刻凑上前去用心地观赏起来。此后不久，母亲发现徐杰只要看到可以雕刻的材料，如木头、石头等，都一定会认真而仔细地按照自己的想法去打磨和塑造它，直到它的形状令自己满意为止。

母亲看到后非常着急，她不希望徐杰玩弄这些而耽误学习。但是不管母亲怎么阻止他，徐杰依然沉迷于雕刻上，无心读书。

眼看着儿子上大学没有希望了，母亲只能无奈地对徐杰说："你已经长大了，去走自己的路吧！"徐杰知道，母亲对他很失望，虽然很难过，但是他还是决定远走他乡，去寻找属于自己的人生。

几年后，市里为了纪念一位名人，决定在广场上放置名人雕像，众多雕塑大师纷纷献上自己的作品，因为这是成就自己的难得的机会。在外学习雕刻技术多年的徐杰得知此事后，精心准备了一尊雕像，带回了自己的城市。

徐杰这次回来，没有告诉自己的母亲，并不是他还生母亲的气，而是在离开家时他便暗暗发誓，一定要取得成绩后给家里争光，因为他知道，这些年来为了自己的事，父母没少操心。

经过专家鉴定和市民投票，徐杰的作品获得了冠军。站在领奖台上，徐杰激动地说："我想把这座雕塑献给我的母亲，因为我读书时没有获得她期望中的成功，今天站在这里，终于可以让我的母亲为我骄傲一次，我想跟她说一句，儿子以后会越来越好的，再也不会让您失望了。"

徐杰话音刚落，母亲就冲上台去，紧紧地抱住了自己的儿子！

人生是一段旅程，这一路既有鸟语花香，也有电闪雷鸣。有些人想将所有美景都收入眼底，于是在狂风暴雨中等待着美景。殊不知，没有人能够把这一路的美景尽收眼底，适时放弃一条到不了彼岸的路，不是失败，而是一种智慧。

也许有着轻微智力障碍的徐杰，比正常人更懂得人生的哲学。先天条件的不足，让他比正常人的感知能力弱了一些，却也令他排除了很多现实的顾虑。他可以完全根据自己的内心，去选择一条自己喜欢的道路，并坚定不移地走下去。也正因如此，他找到了属于自己的快乐。

其实有时，如果我们紧紧抓住痛苦不放，便很难获得自己想要的快乐。有所失才能有所得，放弃是一种睿智，它可以放飞心灵，还原本性，使你真实地享受人生，享受当下的时光。

? 静静思考

1.当面对诱惑时，你是否会动摇自己呢？

2.你是一个遵从内心，敢于放弃的勇者吗？

第八章

激发潜能，
让快乐的潜意识更积极些

　　也许在很多人看来，潜力跟快乐似
乎是两种完全不搭边儿的事物，殊不
知若没有潜力，我们拿什么去实现梦
想，成就自己内心的希望。连守护自
己的能力都没有，又有何快乐可言？
积极的潜意识是人生路上的加速器，
我们唯有依靠它的帮助，才能挖掘出
自己的潜能，更快达成自己的心愿，
让快乐永远相伴！

唤醒心中的巨人

　　每个人的内心都有一个小宇宙，当宇宙爆发之时，就是你成为巨人的时刻。

　　很多时候，我们的才能都是被逼出来的，就像小时候，父母为了逼迫我们坚强而对我们的跌倒置之不理……这种逼迫就是在激发你的潜能，若没有这种逼迫，我们就无法突破自我。

　　徐静文是某合资公司的销售主管，该公司最近准备通过考试的形式，从几名主管中选拔一名经理。共有三次考试，分三天进行，都是笔试。

　　第一次考试，题目为"上司喜欢什么样的员工"。徐静文以98分的成绩位列第一，同事小璐以90分的成绩紧随其后。

　　第二次考试时，题目依旧是"上司喜欢什么样的员工"。徐静文以为试卷发错了，但监考人强调没有发错。于是徐静文自信地大笔一挥，很快就做完了试卷，并第一个把试卷交了上去。

　　第二次成绩出来后徐静文再次以98分位居榜首，而交卷最晚的小璐以 96 分的成绩再次紧跟其后。

第三次考试还是同样的题目。徐静文同样考了 98 分，位居第一。而这次小璐也考了 98 分，与她并列第一名。徐静文认为自己"连中三甲"，必定是稳胜无疑。

第四天，录用名单公布出来，被录取的不是徐静文，而是小璐。

徐静文对此很不理解，于是找到总经理的办公室，气愤地对经理说："我三次都考了 98 分，为什么还要录取成绩低于我的人？你们这种考核不公平！"

总经理微笑地看着她，等她冷静以后，才心平气和地说："静文，我很欣赏你的能力，分数很优秀。但是公司并没有许诺谁考了高分就录用谁，考分的高低对于公司来说只是一个依据，而不是决定因素。虽然你每次都考了高分，可惜你每次的答案都一模一样，一成不变，要知道，同一种思维模式是不可能解决不同问题的。"

总经理的一番话，让徐静文无言以对。有了这次的教训后，她在工作中，一改往日的思维定式，开始大胆的突破和创新。渐渐的，她本身的潜能被无形的挖掘出来，即使是同样的客户，同一个方案她都不会重复使用第二次。这一改变，让她赢得了不少客户的赞许，也使得她所在的部门，成了年底业绩最好的优秀团队。

潜能带给我们的力量是巨大的，甚至可以说是神奇的，它能让我们发现崭新的自己。但它需要我们主动地去开发、去挖掘，就像吃鱼的方法一样，既可以一鱼三吃，也可以一鱼十吃，只要你能想得出来，而且资源够用，就能够做得到。例如，有氧运动＋舞蹈＝有氧舞蹈；游泳＋芭蕾＝水上芭蕾……

此外，我们还要善于想象，尽管在我们从小接受的教育中，无限制的想象与幻想，常会被当成"无稽之谈""荒诞之举"，成为老师、同学及周围人的笑料，并经常与"不务正业""不安分守己"之类的词联系在一起。但是我们认真思考一下，便会发现人类若失去了想象力，世界就不可能进步：没有丰富的想象，人类能将堆积如山的书本，浓缩在手掌大小的手机上吗？

就如徐静文，若她没有吸取那一次的教训，也许还会一如既往地习惯于同一种思维模式，处理问题用同一种方法，面对客户用同一个方案。如果是这样，那她就不可能获得领导的赏识，客户的青睐，更不可能突破自己，成就自己辉煌的事业。

科学研究表明，人类的大脑只有一小部分功能被开发，就像冰川一角，人脑的大部分功能，即潜意识的功能就像潜藏在海底下的巨大冰山一样，还未被挖掘。站在这个角度来讲，不断开发人脑，可以提高、增强我们创造性思维的能力，进而激发出我们的潜能。所以，我们要经常想象，尽最大努力来挖掘自己的潜力，以唤醒我们心中那沉睡的巨人！

❓ 静静思考

1.你是否做过大脑潜能开发的相关训练呢？

2.你觉得自己的潜能得到了很好的开发吗？

为想象插上一双翅膀

人的潜力是无限的，只要你能发挥自己的想象，就有可能将想象变成现实。

想象力是我们与生俱来的能力，是一个人创造力的源泉，是我们每个人最大的财富。它能给人带来无限的潜力，可以增强自身的能力，因此，合理地发挥想象力是我们在人生路上独辟蹊径、出奇制胜的重要法宝。

张戈生活在海岸城市，建筑系毕业的他一直梦想成为有名的建筑师。他有着丰富的想象力和敏锐的观察力，但是几年辛苦工作下来，张戈却一直都没有取得大的突破。而就在最近的一次建筑选地上，他迎来了人生的转机。

人们都认为，在这个海岸城市一侧的那些陡峭的小山没有办法再进行建设，而另外一侧的土地由于地势太低，并且靠海，只要海水倒流就会被淹没，也无法再造建筑物。但张戈却并不这样想，他认为无论什么地方，只要你想建造高楼就都能够实现，只是这必须挖掘自身的潜力。挖掘潜力对于想象力丰富的他来说并不是难题，所以他决定要改造这片无人问津的陡峭小山。

张戈先预购了那些因为山势太陡而无法使用的坡地，又预购了那些被海水淹没而无法使用的低地。因为这些土地无法直接利用，所以价格都非常低。他花了很多方法去改建这片土地，就这样，原来的山坡就成了平地，低地也变成了建筑用地。

随后，张戈便在这片土地上建起了一栋栋现代化的小洋楼，地势高的地方周围都是群山，所以空气分外清新，而地势低的地方临海，于是成了海景房。这些地区不但环境优美，还能让人们更亲近大自然，所以当两处房产一开盘便很快受到了大家的密切关注，不少人都愿意花大价钱购买这里的房子。

这一次大胆的尝试，不仅让张戈成就了自己的事业，还完成了自己多年以来的建筑梦想。

对每个人来说，想象力都是一种极其重要的能力，没有它，人类面临的将是枯寂无味的世界。想象力就像一双有力的翅膀，有了它，我们的思维才能自由地飞翔。所以，努力培养自己的想象力十分必要，它有助于你开阔思路，从偏执的习惯中解脱出来。更重要的是，丰富的想象力还可以通过不断的思维训练而获得，它能激发出你的潜力和创造力，让你在激烈的竞争中脱颖而出。

想象，是你内心的另一个世界，也是你大脑中的梦想花园。张戈用他异于常人的丰富想象，成就了自己辉煌的人生，但如果他没有努力地去想象，那他还能够成为建筑天才吗？答案一定是否定的，因为是他的想象挖掘出了他的潜能！要知道，想象力是大脑的活动，它可以是无穷无尽的。如果你要创造人生、成就梦想，就请发挥自己无穷无尽的想象力吧！

我们怎样才能做到这一点呢？不妨试试以下两个技巧：

首先，开阔自己的思路。

大多数人之所以没有展现自己的想象力，并不是因为他们缺乏想象，而是因为害怕听到别人对自己想象力的打击，其实别人怎么想的并不重要，重要的是你自己。若你觉得自己的想象可以实现，那么请相信自己，勇敢地去尝试吧！没有大胆的猜想，就没有伟大的发现，遇到任何问题我们都要开阔思路，不要直接回答"是什么""怎么样"等问题，而应该预先在脑海中找出解决问题的更多思路。

想象，能给人一种美妙惬意的享受，而开阔的思路则能充分挖掘出自己的潜能。当你的思维、想象力爆发时，你的潜能也会随之迸发，给你带来无穷的火花，让你更有动力、活力、创造力，运用这些力量，就可以创造属于自己的幸福人生了。

其次，启发自己的想象。

想象力是越挖掘越活跃，所以它往往需要有意识地去启发。你可以借助一定的手段，如把构想画在图纸上，形象的图画能使你的意象清晰化，并有助于激发你的想象潜力；你也可以用想象加类比的方法，将自己想象的世界与现实进行比较，记下它们的异同之处，然后再慢慢地进行分析……

总之，启发想象的手段有很多，只要你愿意，就一定能找到适合自己的方式！

? 静静思考

1.你觉得自己是个想象力丰富的人吗?

2.如果你想象的事物不被别人认可,你会如何处理呢?

积极与消极有很大区别

积极或消极决定了你的潜能是无限，还是有限。

现实生活中，很多人在问题面前常会出现这样的想法："也许已经来不及了，要不算了吧""可能那件事，我真的办不到""这个工作，我可能无法胜任"等，这些都是典型的消极意识。正如我们一抬头看见天空布满乌云时，便会不由自主地想到下雨，而实际上，那只是暂时的阴天罢了。至于究竟会不会下雨很难确定，也许当你再次抬头时，就已经晴空万里了。

若想获得长足的快乐，就应该让潜意识多点积极，少点消极。

埃德温·兰德平时最喜欢做的就是为自己的女儿拍照，看着女儿那张可爱的笑脸，他的内心有一种说不出的喜悦。但无奈的是，每次拍完都需要花费好长时间才能看到照片。

这天，埃德温·兰德给女儿拍完后，女儿哭闹着想要立刻看到照片，这可使埃德温·兰德犯了难，他只能无奈地告诉女儿，照片要全部拍完后才能将底片卷从照相机里拿下来，然后送到暗房用特殊的药品显影成副本。副片完成之后，还要照射强光使之映在别的相纸上面，同时必须再经过药品处理，一张照片才能宣告完成。

但女儿却噘起了小嘴问：“难道就没有‘即时显影’的照相机吗？”“没有，至少暂时还没有。”得到父亲否定的答案，女儿郁闷地拉着小脸。这时埃德温·兰德的内心却在问自己：难道真的不可能制造出这样的相机吗？

埃德温·兰德当时也只是想想，因为毕竟他只熟悉照相，而不熟悉相机。但是自从有了这个想法之后，埃德温·兰德的潜意识里就经常会浮现出对照相机的想象。于是他询问自己身边对相机有研究的朋友，他们听到他的想法后都认为是异想天开，还列举了一大堆的理由告诉他这种想法是不可能实现的。

但埃德温·兰德却并没有因此而消极，而是继续向更为专业的人士询问，尽管大多数人士告诉他不可能，但还是有几位给予了肯定的回答。知道有希望，埃德温·兰德便开始利用自己所有的空闲时间来研究“即时显影”的照相机。在此期间，朋友和同事们都说他疯了，简直就是浪费时间，他却依然选择了坚持。

皇天不负苦心人，经过几年钻研，埃德温·兰德终于发明了“即时显影”照相机，完成了女儿的心愿。而埃德温·兰德也成了一个伟大的发明家。

如果在你的潜意识中经常出现消极的想法，那么它将会误导你，使你与快乐失之交臂。为了避免遭受消极意识的误导，最简单有效的方法就是灌注积极意识于你的脑海中，并努力培养自己积极的想法。

　　培养积极意识的方法有很多，但最好用的是"摒弃法"，即在第一时间摒除你心里的消极想法。当你意识到自己开始有消极的意识时，不妨对自己说一些积极的话，如"这个想法很不错，一定能实现""也许，我能想到更好的主意""对，就应该这么想"等，在这些积极的潜意识提示下，你会对自己的想法更加肯定、更加自信，因而结果也往往会令你满意。

　　积极的潜意识是人生路上的加速器，依靠它能挖掘出自己更大的潜能，而潜能越大就越充满力量，如此循环，便能更快实现你的梦想，推进你的人生历程。埃德温·兰德就是一个很好的例子，尽管没有人看好他，但他依然保持积极的潜意识，最终完成了自己的发明。反之，如果在朋友和同事的反对下，他开始消极懈怠，那他一定不可能成就今天的自己。

　　其实，潜意识就是你内心的写照，千万不要让你的内心受到外界污染，因为只有一颗洁净的心才能给你供应潜能，它才是力量的真正来源。因此，请先给自己一点时间，净化你的内心，这样即使再消极的意识，都不能击溃你对人生的渴望，以及你对美好生活的向往！

？静静思考

1.你会经常给自己灌输积极的想法吗？

2.在工作或生活中，你觉得自己善于运用潜意识吗？

跳出常规的"怪圈"

从需要出发，不拘泥于常规，你才能成就最好的自己！

毋庸置疑，常规给我们的生活带来了便捷，但与此同时，也给我们的内心加上了一把锁链，于是，我们开始依赖常规，甚至有点故步自封。此时，不妨打开这把心锁，也许会有意想不到的收获。所以，当我们面对问题时，请试着打破常规，从别人认为荒诞、离奇、不可思议的角度出发，大胆引进新的观念，以激发自己无穷的潜能！

李卫国是一个敢于打破常规的商人，他常常不按常理出牌，因为他的经商理念是：一切从需要出发，不拘泥于常规。白手起家的他经常会出其不意地击败对手，现在，他已经有了属于自己的企业——连锁百货。

这天，李卫国正在审阅公司的财务报告，他发现某市分店的业绩正每况愈下，几乎已经接近亏损的底线。他亲自来到这座城市了解情况，原来，在该分店对面不足一百米的地方，新开了一家大型百货公司，不但经营的品种齐全，而且价格还十分低廉。很显然，分店无论在硬件还是软件方面都无法与它竞争。

李卫国立即召集分店职员开会，商讨突破困境的办法。会议上，有的人认为应该扩大投资，跟那家百货公司比拼实力；有的人提出应该改变经营品种，避免与那家百货公司竞争；还有人说，干脆将分店迁到别的地方，重新开拓市场……

李卫国则认为，虽然职员们提出的方法都有一定的合理性，但都是常规手段，效果如何，令人怀疑。比如，扩大投资，使分店规模达到那家百货公司的水准，这个风险太大，最后的结果必然是两败俱伤。因为本地的市场只有这么大，压根用不着两家超大型的百货公司。

如果改变经营品种，那就等于放弃以前的老顾客，损失也非常大。迁址则更是下下策，假设迁到一个新地方后，那里又新建了一家百货公司，难道还要再次迁址吗？作为一家已经步入正轨的企业，应该具有适应变化的能力，不到万不得已时，坚决不能放弃自己的阵地。

在这种左右为难的情况下，李卫国灵活的大脑又发挥了作用，他想出了一个超常规的办法：他发现，那家百货公司与别的商店一样，营业时间是上午9点到晚上8点。于是，他调整了分店的营业时间，将以前的"朝9晚8"改为上午6点至10点，以及下午7点至凌晨2点两个时段，这样一来，便跟那家百货公司基本错开了，也满足了喜欢早上或晚上购物顾客的需要。

调时后的效果很快得到了验证，这一举措不仅扭转了分店惨淡经营的不利局面，还让分店生意更加兴隆。因为大多数上班族都是早出晚归，新的营业时间正好为他们提供了便利，并且分店独特的营业时间在当地绝无仅有，这使公司的知名度大增，还为拓展其他城市的业务创造了有利条件。

人的创造潜能是与生俱来的，只要你愿意发掘，便可以无限制地开发，成为最具创造性的人才。而你能否成为这样的人，关键就要看你是否具有这种观念和意向，是否敢于打破常规。李卫国的成功是不按常理出牌取得的，如果他采纳了员工们的建议，也许他的事业便不会按照他想要的路线发展了。

打破常规是所有想成就梦想者的一贯作风：拉马克否定了传统、陈腐的生物学观念；达尔文否定拉马克进而提出了进化论；爱因斯坦突破了经典物理学的局限；亚历山大挥剑创造了自己解开绳结的方法；哥白尼推翻了以地球为中心的天文学说；拿破仑打破了传统的作战规则；贝多芬改革了交响乐的写作规则……

我们怎样才能做到这一点呢？也许以下三个提示会对你有所帮助：

首先，要打下扎实的知识基础。

既然是常规，便一定有它的道理。知识基础是对前人智慧成果的继承，是挖掘自身潜力的必要条件，离开了扎实的知识基础，就很难顺利地开展创造性活动。在其他条件相同的情况下，多掌握一些知识，便能多一条思路。丰富的知识，能让我们用专业的眼光去分析问题、解决问题，也更容易产生丰富的联想与创新。

其次，要积极开发创造性思维。

创造性思维是打破常规的核心和关键。对于我们来说，培养求异的思维方式非常重要，现实中的大多数人在没有什么压迫的情况下，很容易陷入一种惰性思维的模式中，而常识与前人的经验，就是这种惰性思维模式遵循的金科玉律，也是它得以维持的原因。但我们要明白的是，依赖于前人的经验，不敢、不愿越雷池半步的思维，就不可能充分挖掘出自身的潜力。

最后，要培养良好的个人品质。

个人性格品质的好坏，在很大程度上也影响着打破常规欲望的强弱，如自信、勤奋、进取心、浓厚的认知兴趣、对他人的容忍度、富有幽默感、顽强的毅力、甘冒风险和不屈不挠的精神等。一般情况下，它们都为潜能的发挥提供着心理状态与背景情境，并通过引发、促进、调节和监控等手段与潜能协调配合，产生巨大的能量。

❓ 静静思考

1.日常生活中，你是否一直都是按照常规的方法去做事？

2.当你有了一个不同常理的想法时，是否敢于打破常规呢？

很多奇迹其实都是必然的

请相信自己的创造力，因为它能创造奇迹。

都说人类善于创造奇迹，殊不知，人就是这个世界上最大的奇迹。因为人拥有无限的创造力，只要我们始终保持创造的冲动和欲望，就能不断发现新的领域，创造出新的奇迹。不要为已有的新奇现象所迷惑，也不要为日常例行的工作所麻痹，应该时刻保持一颗好奇心：我一定还能发现这个世界的奥秘！

辛普洛特是一位知名企业家，他的经历可以分为三个阶段，但每个阶段都是和土豆有关。

第一阶段是在战争时期。辛普洛特获知作战部队需要大量的脱水蔬菜，他认准这是一个绝好的赚钱机会，便买下当时最大的一家蔬菜脱水工厂，专门加工脱水土豆供应给军队。

第二阶段起始于20世纪50年代。当时有家公司研制出了"炸冻土豆条"，但许多人都轻视这种产品。有人说："土豆中水分占四分之三还多，假如把它冷冻起来，就会变成软乎乎的东西。"辛普洛特却认准这是一种很有潜力的新产品，便组织大量生产。果然不出所料，"冻炸土豆条"在市场上很畅销，并成为他盈利的主要来源。

后来，辛普洛特发现"冻炸土豆条"并没有把土豆的潜力彻底挖掘出来，因为经过炸土豆条的精选工序——分类、去皮、切条和光传感器去掉斑点，每个土豆大概只有一半得到利用，余下的通常都会被扔掉。

辛普洛特便想：为什么不能把土豆的剩余部分再加以利用呢？没过多久，他便把这些土豆的剩余部分掺到谷物中当作牲口的饲料来卖。

1973年底，石油危机爆发，却成就了辛普洛特的第三次创业。他瞄准了替代能源发展的大好时机，用土豆制造成以酒精为主要成分的燃料添加剂。这种添加剂，可以提高辛烷燃烧值，以及降低汽油的污染程度，因此颇受用户们的欢迎。为了做到物尽其用，辛普洛特又利用土豆加工过程中产生的含糖丰富的废水来灌溉农田，还把牛粪收集起来作为发电厂的用料。

就这样，辛普洛特每一次都能激发自己的创造力，挖掘出自己以及土豆的潜力，用平凡的土豆构造了一个庞大的帝国，通过土豆的综合利用，他每年能取得的利润高达12亿美元。

创造力往往表现在细节上，也许在有些人的观念里认为创造只有始于宏伟的目标，才能得到备受瞩目的结果，因此对细节掉以轻心，殊不知，细节才是创造之源。要想获得创造力，就必须明白"不择小流无以成大海，不拒杯土方以成高山"的道理，因为这些不起眼的细节，往往就是创造的源泉，它能让事物有一次超常规的突破。

当然，创造力不是浮夸的东西，它要做的是某件具体的事。要想创造出奇迹，就必须推陈出新、革故鼎新，就必须要做好"成也细节，败也细节"的思想准备。否则，所谓的创造只能是一句空话。

这里列出能激发自己创造力的十种方法：

1. 确立目标。明确的目标是激发创造力的原动力，只有先确定了目标，然后才能围绕目标一步一步地做下去。

2. 相信自己。激发创造力最大的绊脚石，就是不相信自己、否定自己的创造力。

3. 灵感来临，随时记下来。当意识进入睡眠状态，或沉浸在其他事情时，潜意识仍会继续思索，突发的灵感便是这样来的。当灵感来临时，我们要做的便是第一时间将它记录下来，而不能让它白白地溜走。

4. 敢于打破现状的束缚。创新就是要敢于对现状不满、敢于质疑、敢于追求更高的目标。而要想做到这一点，我们就必须拥有敢于打破现状的勇气。

5. 创造一种事业而不只是一单生意。事业与生意的区别，就是前者能让你切实感受到自己正在为他人、为社会做贡献，内心会充满自豪感，而后者却无法带给我们这样的体会。

6. 思考多种方案。这需要我们改变平常"只找一种答案"的习惯。

7. 经常反省自己。这种定期反省的方法，可以帮你确信自己的创造构思。

8. 相信自己有可行之道。这种想法可以使你摆脱压力，让灵感自然涌现。

9. 组织"脑力激荡"小组。一个人的能力毕竟有限，所以不妨试着找几个人组成一个小组，针对一个问题，各尽所能地提出任何可以想到的解决方案。

10. 化创意为行动。所有的构思都必须付诸实行，才能真正具有价值。所以，我们不能只停留在想的阶段，还必须切合实际的付出行动。

> **❓ 静静思考**
>
> 1.面对问题，你是只要解决就行，还是力求用最好的方法来解决呢？
>
> 2.你是否会定期回想自己的创意，思考它们的利与弊呢？

想象与执行有段遥远的距离

执行是将想象变成现实的关键，没有这一步，一切都是空想。

人类知道拳头的打击力有限，所以想到了用铁，付诸行动后，发明了锤子；自知大脑的能力有限，所以想到了用机器，付诸行动后，发明了电脑。可见，想象是银，行动是金，只有行动，才能将想象变成现实；只有行动，才能一步步地接近梦想；只有行动，才能获得最后的胜利。虽然想象能激发潜能，但它也只不过是一种动力而已，唯有付诸行动，才能真正体现出它的存在。

李煜是个地道的农村人，他跟自己的弟弟从小就在农村长大，虽然他们是亲兄弟，但性格却大不相同。李煜是个急性子，做任何事都风风火火的，并且性格果断，只要是自己决定的事，便会立即开始行动。但弟弟却优柔寡断，做事情都要拖一拖，让别人先做，自己则静静观望。一旦发现有好处，这才行动。尽管弟弟如此，但每次也都能捞上一点甜头，所以他乐此不疲。

这一天，一个曾外出打工的亲戚说，大城市里的制衣厂可多了，那些工厂很简单，找个地方弄几台机器，再找几个师傅就行了。听到这些，李煜与弟弟都想到了这些年村里的变化，一致决定要办一个制衣厂。

李煜直爽的性格说干就干，马上便行动了起来。先买来了几台电动缝纫机，然后又请来了师傅，最后还采购了一些布料，不到半个月，一家制衣厂便在村子里建成了。由于这是村里唯一的一家制衣厂，不少服装店的老板都慕名前来参观，偶尔也会定做两件给自己或家人，但订单数量却不多，这可把李煜给急坏了，再这样下去工厂就要倒闭了。

李煜研究后发现，原来是自己对质量把控不严，以致有些师傅趁机换下了好的布料。从此以后，李煜开始对服装质量严格把关，并且只要有人订货，他就派人直接送货到门店里，这不但节约了老板们的时间，还节省了路费。之后开始陆续有人上门订货，渐渐地，几乎村里所有卖衣服的商人都在他的工厂里订货。

不仅如此，这些商人还将李煜的工厂介绍给邻村的同行们，那些商人也纷纷前来视察。视察期间，他一如既往地热情服务，只要能将工厂做大，累一点儿又有什么关系。就这样，周围村子里的商人也都舍远取近，开始在他那里进货。半年的时间，工厂的产品便在那一片打响了招牌。

而弟弟呢，他一如既往地行动迟缓，他想先看看李煜干的结果如何，然后再决定是否行动。起初，李煜办的制衣厂不顺利，产品销路不是很畅通，弟弟便庆幸自己没有办制衣厂。然而经过半年多的摸爬滚打，李煜的制衣厂生意日渐兴隆，这时弟弟才着急得也办了一个制衣厂，但此时，已错过了占领市场的最佳时机，为了能使工厂存活下去，弟弟只能让它成为李煜工厂的附属，做一些简单的加工。

　　李煜与自己的弟弟同时意识到机遇的来临，又同时做出了相同的决定，但不同的是李煜的行动准则是说干就干，而弟弟却是有了十足的把握再行动。尽管李煜没有十足的把握，但积极行动的成功概率却非常高；弟弟要有十足的把握才行动，看似稳妥，却是以失去机会作为代价的。这足以证明行动的重要性。

　　当今世界的先进成果，都是依靠人类的能力而创造的。人拥有无限的想象力，也拥有无限的创造力。然而，想象是创造力的基础，立即行动才是创造力的关键。创新靠的是头脑里的智慧，但智慧只不过是大脑中的一种思维，只有在行动中才能体现出它的价值，如果只是想想而已，那它就永远都是一种思维。

　　慎重固然是一件好事，我们也反对做事情冲动鲁莽，欠缺考虑，但是我们更赞成、更支持，也更强调的是只要思考成熟了，就毫不迟疑地立刻行动。很多人就因为瞻前顾后而与眼前的机遇失之交臂，也有人因受到外界的影响而迟迟不敢行动，最后只能眼看着机遇白白流失。这些事实都在告诉我们，即使梦想再远大，执行才是硬道理！

? **静静思考**

1.你是一个执行力很强的人吗？只要是认定的事就会立刻
　去做吗？
2.回想一下自己的那些想法，你一共实现了多少？

第九章

亲爱的，
快乐是需要学习的

没有人生下来就具备快乐的能力，也没有人生下来便注定会快乐一生，所以，亲爱的，要想获得快乐，就必须去学习，让知识充实你的大脑、减轻你的忧虑、丰富你的人生！

学你想学的，别盲从

兴趣是最好的老师，当你遵循兴趣走下去时，便能找到自己全新的价值。

每个人都会优先注意到自己感兴趣的事物并积极地探索，表现出心驰神往的样子。例如，对美术感兴趣的人，对各种油画、美展、摄影都会认真观赏、评点，以及对好的作品进行收藏、模仿；对钱币感兴趣的人，则会想尽办法对古今中外的各种钱币进行收集、珍藏、研究。兴趣是一种无形的动力，当我们对某件事情或某项活动感兴趣时，就会投入百分之百的精力，而且乐此不疲。

也正因为如此，学你想学的东西，便能找到自己全新的价值。

李昌出生在大城市，优越的家庭条件让他不愁吃喝，但是好景不长，在他高三那年，父亲的公司遭遇了危机，在几次三番的经济冲击下，不得不宣告倒闭。就这样，李昌从一个无忧无虑的少年，变成了要为自己生计担忧的大学生。为了生活，他开始了艰苦的求学历程。

为了大学毕业后能快速找到一份工作，李昌选择了营销这一专业，因为不管在哪个城市都需要销售员。但这并不是他的兴趣，所以学习起来，难免会有点儿力不从心，以致在这几年的大学生涯中，他并没有真正学到什么东西。

大学毕业后，李昌如愿地找到了一份工作——药品销售员。迫于生活的压力，他来回奔波向各大药店、医院销售自己公司的产品。尽管他并不是非常喜欢这个职业，但也没有办法。

然而工作的时间越长，李昌便越对自己的工作感到厌倦，无法专注地投入其中，因此他一直业绩平平，这让他非常的郁闷。他喜欢狗和散步。他没有接受过专业的培训，却对狗狗非常的有一套，几乎每只经他手的狗都很乖巧、很听话。

有一天，李昌的一个邻居要出差，便将自己的牧羊犬交给他照顾，当邻居回来时，刚好看见他在带着那只牧羊犬散步，邻居见自己家的牧羊犬在李昌面前如此乖巧，便感叹道："你真有一手，我们家'宝宝'每次出来都很调皮，不是到处乱窜，就是搞破坏，这么难伺候你都能搞得定，你真应该专职干这个。"

邻居一句调侃的话，却被李昌记在了心里。在父亲还没有破产时，他就经常帮那些叔叔、阿姨们遛狗，如果将这个作为一种职业，说不定也能挣钱，更何况现在宠物店还没有这项服务，这可是个好差事，不仅自己喜欢，还能轻轻松松挣钱。

说干就干，李昌立即辞掉了销售的工作。但他毕竟没有接受过专业的养狗培训，那些宠物可不是闹着玩的，还是学习一下这方面的知识比较好。于是李昌报了一个培训班，说来也奇怪，自己在这短短几个月的时间里，远比大学那几年学到的东西要多。

　　学完了知识，李昌便开始寻找客户，他决定先从周围的人们中寻找，说自己有时间，可以帮他们遛狗。他根据自己的专业知识以及以往的经验，将那些宠物照顾得非常好，时间一长，那些人便主动联系李昌让他帮他们照顾宠物并给予一定的报酬。就这样，他开始了自己的事业。

　　为了能更好地照顾这些狗狗，李昌开始利用空闲时间学习关于狗的一切知识，包括不同种类的口味、习惯、病变等，并且他还学以致用，如在他给客户遛狗的过程中，会告诉客户对于他们的宠物应该注意哪些问题，生病的迹象是什么等，这为客户节省了不少的时间和精力，也节省了不少钱。

　　就这样，李昌的周到服务在人们中口碑相传，生意也渐渐越来越好，于是他创建了一家专为人遛狗的公司，并申请了专利。

人生充满了矛盾和缺憾，在生活中我们总是会受到这样或那样的困扰，学习也一样，从小到大，我们都是为了学习而学习，那些知识可能并不是自己的兴趣所在。所以，过一段时间以后，它们便会自动消失，正如我们经常戏言的那样：老师教给我们的东西，早已经都还给老师了。

　　快乐跟学习一样，只要能跟自己的兴趣挂钩，内心自然会充满欢喜。就像李昌，他便是从自己的兴趣入手，找到了学习中的快乐，并且他还用自己的亲身经历告诉我们：任何兴趣都可以体现自己的价值，并且能给自己一个不一样的人生。若他继续留在药品公司混日子，那他的一生便注定了碌碌无为，不能获得新生。

　　兴趣不仅对学习很重要，对于我们的人生也至关重要。那么，究竟何为"兴趣"？它不仅仅是指对事物表面的关心，更是指由于获得某方面的知识或参与某种活动而使人体验到情绪上的满足。例如，一个人对跳舞感兴趣，他就会主动、积极地寻找机会去参加演出，当他在跳舞时，会由衷地感到放松和愉悦，进而迸发出很多积极因子，促使他更卖力地表演。

所以，去学你想学的一切吧，因为它能给你带来持续的快乐！

? 静静思考

1.你的学习是否都是根据自己的兴趣来选择的呢？

2.你现在所学的知识都是自己最想学的吗？

方向与努力哪个更重要?

如果方向不对，那么你所有的努力便都是白费!

每个人的生命都是有限的，我们必须清楚地知道，这一生最重要的是什么？你最想要和最想做的是什么？你的兴趣是什么？唯有先确定好方向，才能保证你的努力不会白费。然而，现实生活中的我们却总因这样或那样的原因，选择了错误的方向，结果白白浪费了宝贵的青春。

请牢牢记住：若方向不对，再怎么努力都是白费!

李卫国从医学院毕业后，便继续读了研究生，就在读研期间，他遭遇了家变，父亲不幸出了车祸，全家人的生计都压在了母亲一个人身上。于是，他想尽快步入社会，找一份工作帮忙养家，但他又放不下对知识的求索，他开始迷茫，不知该怎么办。直到上了导师的一堂哲学课，他才找到了自己人生的方向。

这天，导师抱着一堆东西走进教室，上课时，他先拿出了一个大玻璃瓶，然后又拿出两个布袋，只见一个布袋里装着核桃，另一个装着莲子。他对大家说："我今天给你们做一个实验，这是我年轻时，一个导师教给我的人生哲理。那堂课我至今仍记忆犹新，并常用这个实验来激励自己。我希望你们每个人能一辈子都记得这个实验，记住这个实验告诉我们的人生哲理。"

大家都很奇怪，哲学课还能用实验来证明吗？就用核桃和莲子？

只见导师把核桃倒进了玻璃杯中，直到一个也塞不进去为止。他问道："现在杯子满了吗？"

学过哲学的同学，已经有了几分辩证思维，回答道："如果说装核桃的话，它已经装满了。"

导师微笑地点了点头，又拿出莲子，用莲子来填充核桃留下的空间。

然后导师接着问："你们能从这个实验中，概括出什么哲理吗？"

同学们一个个开始发言，有人说，这说明了世界上没有绝对的满；有人说，这说明了时间像海绵里的水，只要想挤，总可以挤得出来；还有人说，这说明了空间可以无限地细分。导师听着大家的发言，没有说话。

最后，导师说道："你们说的都很有道理，不过，却都没有说出这个实验的重点。你们是不是可以反过来想一想，如果我们先装的是莲子而不是核桃，那么，莲子装满后，还能再装下核桃吗？人生有时候是不是也是如此，我们经常被许多无关紧要的小事所困扰，眼睁睁地看着自己的人生深埋于这些琐事之中，以致没时间静下心来问一问自己，想要的究竟是什么。

我们的人生，需要一个明确的方向，孰轻孰重都要做到心里有数，如果你没有找准人生的方向，那么你为此付出的所有努力就都是白费。所以我希望大家能够记住这个实验，如果莲子先塞满了，就装不下核桃了，如果我们的内心被错误的方向指引，又怎能走上正确的人生之路呢？"

导师的话，让李卫国的内心一颤，随后便陷入了沉思：的确，母亲需要我的帮助，但倘若我选择了就业，也只能帮她一时，唯有选对了方向，才能彻底改变家里的现状。想明白一切后，他决定继续读研，并利用空余时间打短工以贴补家用。

几年后，学业有成的他进入一家医院，成了一名权威医生。

一个想找到金矿的人，若因为觉得挖掘海滩容易，而选择在海滩上寻找金子的话，那他能找到的便只能是一堆沙子，绝对不可能是金子；一个挖井的人，如果选错了位置，即使再努力地去挖掘，都不可能看到水。所以，无论何时何地，都不要在错误的地方付出太多精力，若想要有所收获，就必须先选对方向，因为只有方向对了，我们的努力才不会白费，我们的付出才能有价值。

人生的海洋，有风平浪静，也有骇浪惊涛，生命之舟的航向也时常会摇摆不定，但即使再艰难，都应该从容地应对，只有先遵从自己的内心，把握好航行的方向，才能找到最佳的前进路线，到达幸福的彼岸。如果李卫国放弃了继续读研，而是步入了社会，那他便很难体现自己真正的价值。

所以，在我们摇摆不定的生命中，一定要先确立好自己的航向。

? 静静思考

1.你会遵从自己内心的想法，去选择你想学习的知识吗？

2.对于父母、上级或朋友建议你学习的知识，你会立即行动吗？

不要做"懒散"的奴隶

懒惰是吞噬梦想的恶魔，它总在不知不觉中让你变成它的奴隶。

每个人都会有身心疲惫的时候，停下来稍做调整理所应当，但如果长时间沉浸在安逸的环境中忘记了责任与梦想，心灵就很有可能会被懒惰蛊惑，变得不思进取。人们常把懒惰比作吞噬梦想的恶魔，因为它足以使我们忘记人生的初衷，在不知不觉中毒害我们的灵魂，它就如同毒品一般，使我们变成它的奴隶。因此，我们必须小心提防懒惰，最好能在第一时间便将它扼杀在摇篮里。

大学毕业后，徐曼做了很多工作，但每一份工作都不长久。家人总劝她改掉懒惰的坏习惯，但她却觉得是家人不理解自己，于是常常跟他们顶嘴、发脾气。看着女儿整天在家无所事事，父亲又气又急，便让女儿去学表演，向影视方面发展。因为表演课程不是很难，并且还很有意思，所以徐曼答应了。

然而，学习表演离成为真正的演员还有很长的距离，就算成了演员，也很难成名。可徐曼却懒得考虑那么长远，也没有为人生做太多的打算，既然父亲让她去学，那就去学好了。在学表演的那段日子里，她跟往常一样，每天下课依然约朋友们一起去逛街、购物、唱歌……

就这样一年过去了，尽管父亲花了不少钱，但徐曼却什么都没有学到。

于是姐姐建议徐曼利用课余时间好好学习一下英语，可她却说："我太累了，哪有时间。"姨妈建议她学习一下跟表演相关的基础课目，如果自学费力，可以去报一个培训班，但她说："那些学不学无所谓，只要能演好戏就行。"表演专业的老师也建议她多看看各方面的书籍，只有涉猎的知识广泛，才能更全面地诠释好人物，可老师刚离开，她便自言自语道："我打小就对书没兴趣。"

一个好演员还要多参加社会实践，这样才能对剧本中描绘的人物有更好的理解。

眼看年龄一天比一天大，但演出机会却一天比一天少，徐曼开始有点儿着急了，她安慰自己：反正天不会塌下来，无论怎样，自己还有老爸。她这种想法让亲戚朋友们都觉得她简直无可救药，渐渐地，大家也不再帮她指路了，也绝口不提让她改掉懒惰的毛病了。

对此，徐曼依然是一副无所谓的模样。直到金融危机导致父亲的企业倒闭，不得不宣布破产时，她才真的着急，自己什么都不会，怎么养活自己啊。她后悔自己当初太懒，没有好好学习一门技能。

人总喜欢为自己的懒惰找借口，如"时间还早得很""反正也不是什么急事"……可一旦我们习惯了懒惰，就会白白浪费宝贵的时间。岁月对人的杀伤力是巨大的，它可以轻易夺走我们的青春，将正值青春年少的女孩变成满脸皱纹的老妇人，更重要的是，你会因不懂得珍惜时间而让人生背负沉重的遗憾。养成一种坏习惯很容易，但改掉那些坏习惯却很难。战胜懒惰的关键，就是要阻止它成为我们的一种生活习惯，首先要改正的就是不能为懒惰找借口。

怎样才能识别自己是在找借口，还是真的需要休息呢？以下是心理专家得出的结论：

第一句："今天真是太累了。"

心理学家研究发现，人们感受到的某些疲累并不是真的来自身体，而是懒惰心理的产物。这时，你可以仔细地衡量一下，那些让你感到疲累的事物，自己究竟付出了多少体力或脑力劳动。事实上，比起工作量大的人，这些压根就不算什么。真正累到极限的人，通常是不会口口声声说累的，所以当我们大喊着自己很累时，其实就已经将懒惰表现得淋漓尽致了。

第二句："最近实在没时间。"

时间往往都是挤出来的，即便你觉得自己确实没有时间，但只要你愿意，还是能够抽出一些时间来。没时间的确是我们最好的借口，它总是打着勤奋的旗号欺骗着自己和他人。"没时间"即你觉得自己很忙碌，可如果真的忙碌，那为什么有时还会感到空虚和郁闷呢？如果生活已经被事务填满，那你根本就无暇去顾及其他，如果你依旧能浮想联翩的话，那说明你还是有时间的。

第三句："这与我无关。"

懒惰的人总喜欢推卸责任，任何事摆在面前，他衡量的标准首先便是与自己有无关系。当他意识到自己从中难以获得好处时，便会用"这与我无关"的借口来搪塞，久而久之，功利心便会因此而加重，做任何事都只想着自身的利益，而忽略了那些应尽的义务。

第四句："除了这件事其他都可以。"

以为自己很有原则，可这所谓的原则都不过是虚妄的架构罢了，没有一点实际的效用，它唯一的用武之地，便是当我们懒惰不想做某事时可以拿来当作借口，以致我们在遇到任何事时都会习惯性的套用这个框架，从而使懒惰显得更加合理。我们究竟有多少事是可以不用"除了"来衡量的呢？如果没有，那说明懒惰已经深入骨髓了，它正在时刻威胁着我们的幸福生活。

第五句："我是最不幸的人。"

事实上，比我们命运悲惨的人不胜枚举，但他们却仍然坚强地活着。人应当在骄傲自满时学会向上看，也应该在自觉可怜时学会向下看，如果我们的眼睛总盯着一个地方，便会像井底的青蛙一样被局限所欺骗，从而忽略了自己最真实的存在。

第六句："讨厌你们限制我的自由。"

找到借口的懒惰，我们常常会显得理直气壮。尤其是在别人因我们的懒惰而提出抗议时，自我保护观念颇深的心灵，便会用自由受限作为最有力的回击武器。因为在懒惰者看来，自由就是随心所欲、无拘无束。殊不知，这恰恰是最不自由的状态。因为思想已经陷入了狭隘的误区，以至于误将停留在表面的自由当成了一种习惯，从而难有进一步提升的空间，于是，人也变得自甘堕落起来。

？静静思考

1.你会经常以各种理由推迟自己的学习计划吗?

2.当你觉得自己变得懒散时，是否会主动纠正这一恶习?

养成好的习惯

习惯可以毁灭一个人，也可以成就一个人，就看你如何运用它！

生命有限，但知识却是无穷的，你若想展现自己的价值，就必须努力地汲取知识，因为唯有知识才能改变命运。社会是一个大课堂，若想顺利地毕业，就一定要不断丰富自己的知识。也许一提起学习，你就会想到书本、课堂、学校，其实，学习并不仅仅局限于书本，而是随时随地都可以进行的。知识是无穷无尽的，我们唯有养成好的习惯，才能自觉地去多读、多看、多学习。

家境贫寒的王庆辉，从小便对数字感兴趣，但由于家里拿不出学费，他不得不在高中时辍学回家种地。十八岁那年，他初中时代的班主任李老师从外地学成归来，并出任镇上唯一一所高中的校长。

王庆辉是李老师很喜欢的学生，为了帮助他学习，就让他去自己的高中做勤杂工，一方面负责收发信件、报纸兼做杂务以贴补家用，另一方面则给他提供一些学习的教材，让他自学。

王庆辉在学校干活时手脚勤快，每天快速地干完工作后，便会捧起数学课本学习，渐渐养成了一种习惯。李老师看在眼里，喜在眉梢，他为自己有这种勤奋好学的学生而感到欣慰。

但天有不测风云，王庆辉被一场突来的疾病拖垮，左腿瘫痪，落下了终生的残疾。尽管如此，他依然坚持每天学习数学。

后来，王庆辉一瘸一拐地又去上工了，做的还是勤杂工。一天的劳累，双腿已疼痛难忍，但他却依然沉浸在数学王国中，将病痛暂时抛到了九霄云外。对王庆辉来说，枯燥无味的阿拉伯数字就像一组奇妙无比的音符，草稿纸上的运算就好比音乐演奏一样，都能给他带来无穷的乐趣。

在王庆辉的不懈努力下，他终于在数学领域取得了一定的成果，在当地小有名气。后来，他们县高中的校长还诚挚地邀请他去学校给学生传授经验，这为他体现自己的价值提供了一个更广阔的舞台。

学无止境，知无竭源。我们若想学有所成，就必须有一个良好的学习习惯。王庆辉的案例也告诉我们：习惯对学习非常重要。他所拥有的成就，完全得益于他坚持不懈的学习，正是这种良好的习惯，引导他在学习的路上越走越宽广。

但是，人总有一种惰性，如何才能养成这种好习惯呢？

请你疲倦时，想想古代读万卷书、行万里路、破万重难，写下"史家绝唱"的司马迁；想想不避风险，不求安逸，游历三十年，走遍大半个中国，写下"千古奇书"的徐霞客；想想坚持每天写2000字，在我国现代文坛上最勤奋、最有成就的"文牛"老舍；想想身残志坚、殚精竭虑，攻读外文，成为青年楷模的张海迪……也许这些成功的人，能给你坚定学习的信念。

知识的海洋无比宽阔，不管是人类已有知识的博大精深，还是新学问的滔滔来势，唯有畅游在知识的海洋中，用知识来滋润我们的心田，才能体现我们自身的价值，才能拥有不一样的生命。俗语说，"一分耕耘一分收"，只有懂得用知识丰富自己的人，才能长出最丰满的羽翼，让人生之路越走越精彩！

❓ 静静思考

1.你是否有一套属于自己的学习习惯呢？

2.你觉得自己现在的学习习惯好吗？为什么？

每天进步一点点

人生是一个走阶梯的过程,唯有不断进步,才能走上更高的台阶。

人生需要一步一个脚印的前行,即使你每天只前进一点点,时间长了,也能有相当不俗的积累。知识就是这样一天一天积累起来的,积累的力量能在不经意间令量变成为质变。如果在学习的过程中,我们学会了运用时间的积累,并且始终坚持的话,便能给人生创造出更多的乐趣!

韩剧的热播让很多女孩对韩国产生了兴趣,杨莉也不例外。她和好友小萍相约一年后一起去韩国留学,但去国外首先要面对的便是语言这一关,只有掌握了韩语,到了韩国生活才会更顺利。所以,两人都买了一本《标准韩国语》,打算先好好地学习一番。

刚开始时,杨莉的学习热情十分高涨,一天可以自学好多内容,有时甚至还能学完一整章的内容,那段时间,她基本上是书不离手,每天都抱着书在学习。而好友小萍则喜欢循序渐进地学习,她规定自己每天学一个课程,并且还要做好第二天的预习,以及前一天的复习。

　　一个月后，两个人都对书本上枯燥的学习内容感到厌烦。她们买来韩语电影和电视剧的光碟，决定配合教材一起学习，如此一来，学习韩语就不会那么乏味了。不过此时，小萍依旧保持着每天学习一课的习惯，而杨莉则已经好几天都没看过书了，尤其是买来那些光碟后，她干脆将教材扔到一边，打着"看影视也能学习韩语"的旗号，专心致志地看起韩剧来。

　　很快，半年时间过去了，好友小萍已经能用简单的韩语进行对话，但杨莉却依然还停留在会读却不会连词成句的水平上。这时，杨莉才想起那些教材来，并进行恶补，但时间已经来不及，再怎么补也赶不上小萍了。

　　转眼间，一年的时间过去了，好友小萍除了在写作上稍有欠缺外，已经能说一口流利的韩语了。于是她联系好韩国那边的大学，积极地为自己出国留学做准备。但杨莉却只能用简单的韩语进行对话，并且由于自己当初一天看几课的内容，走马观花地学习，导致发音非常不准确。看看自己依旧停留在原地的韩语水平，杨莉只能放弃出国，继续留在国内学习韩语。

　　这天，已经联系好韩国大学的小萍要去机场飞往心仪已久的韩国了，而前来送行的杨莉却只能眼睁睁地看着好友独自离去。离别前，杨莉问好友："你怎么能那么快学好韩语呢？是不是藏着什么秘诀没告诉我啊？"

　　小萍笑了笑，告诉她："我哪来的什么秘诀，学习是一件循序渐进的事，只要你按照课程，每天进步一点点，就能完成韩语这门课程了！"

　　听了好友的话，杨莉这才明白，知识是要慢慢积累的，既不能太心急，也不能慢吞吞的，一步一个脚印地学扎实才是最重要的。小萍走后，杨莉将那些学习韩语的书籍以及光盘都拿了出来，并决定按照小萍的方法再重学一年。

人生就是一个台阶接着一个台阶的前行，在前行的过程中，每一个台阶都要脚踏实地地踩过去，否则一不小心就会摔下来。兴趣是学习的关键，方法是学习的重点，真正会学习的人，都深知分配时间的技巧，也善于运用时间积累的力量。反之，便会像杨莉那样，白白浪费了自己宝贵的时间与青春。

如何每天进步一点点呢？

首先，将切实可行的计划细分到每一天。

我们必须为人生制定出计划，这样才有供学习参照的脚本。而制定计划最重要的是方案必须切实可行。如果我们的人生只有那略显空泛的梦想，却没有可以帮助我们实现梦想的具体方案，那就不要妄想自己能够实现它。唯有将梦想细分成一个个切实可行的具体步骤或方案，才能拉近我们与梦想的距离，并且在每个方案达成之时，让强烈的成就感成为我们继续前进的动力。

其次，每天的进度都必须合理。

制定学习计划一定要根据自己的实际情况，既不能把时间战线拉得太长，也不能妄想短时间内就能实现目标。对此，我们可以每天反观自己的内心，并对当天的计划执行情况作出总结。如果某个目标已经持续了很长时间却依旧没有实现的话，那说明我们的计划本身存在问题，可能需要再进一步细分自己的目标，将其拆解成两个或者三个小目标，从而增强大目标的可达成性。

再次，要及时反馈、及时调整。

检查计划的执行进度和目标的达成情况，有助于提高我们的效率，能让我们少走很多弯路。作个明智的决定难，坚持这个决定更难，正因为如此，在我们执行计划的过程中，常常会因为未见成效而想要放弃，如果此时能跳出个人的得失心态，从整体上审视关于梦想的所有计划，我们便能发现失败的原因，这其中很可能是进度上出了问题，或者是用了不恰当的方法等。

最后，必须要有恒心。

最后的胜利往往都是再坚持一下的努力。如果我们仅仅是对梦想做了些许的努力，而不是自己的全部努力，那梦想必定难以实现。也许在我们实现梦想的过程中会遇到一些阻碍，但只要坚持下去，相信终会有实现的那一天。梦想对任何人而言都应该是无比神圣的，它是我们的信仰，所以我们应该对它虔诚一些，不能轻易地被困难打倒，要相信只要有恒心，就一定能获得最后的胜利。

? 静静思考

1.当你在学习时，是否能感觉到自己的进步呢？

2.当你的学习毫无起色时，会积极寻找更好的学习方法吗？

会学和会用是两码事

学习能让你获得知识,但知识只有用出来,才能体现出它的价值。

书籍是获取知识的重要来源,我们不可不信书,但也不能全信。俗语有云,"尽信书则不如无书",只会啃死书的人,最多也就是个纸上谈兵的书呆子。若想成就自己的人生,就必须将学到的知识应用到实践当中。学习只是一种提高自我的手段,懂得如何运用知识才能达到实现价值的目的,只有找准学与用的平衡点,做到学以致用,才能实现我们自身最大的价值。

王凯是个穷苦人家的孩子,父母都是地地道道的农民,家境贫寒的他,还没读完高中便背着行囊,跟着同村的叔叔一起离开了故乡。

来到深圳这个繁华的大都市时,王凯并没有被眼前的一切所迷惑,而是在一家电子通信厂里踏踏实实地工作。他知道,要在大城市生存下去,没有一技之长是不行的,他充分利用自己的空闲时间,来研究电子通信产品的一切知识。每当他学到一些新知识,便会立即用在实践当中,然后再进一步去学习。这一习惯是他在老家务农时,从父亲身上学到的经验。

王凯心里清楚，相比来自农村的他，大城市里的人更了解那些电子设备，但他们大多都只知道理论，并没有什么实践的经验，如果他能将理论与实践相结合，势必能体现自己的价值。于是，他更加积极地实践自己学习到的知识。

在王凯的努力之下，他自身的价值终于得到了体现。那天，厂里的一台设备出现了事故，而技术人员又刚好不在，他自告奋勇地上前修理，结果还真给修好了。当上级领导发现他还有维修的技能时，便立即调他去了技术部门。在技术部门工作的他，依然保持着勤于实践的作风。渐渐地，他对电子通信技术的故障已基本摸透。

王凯获得的成就，其实大多数人都可以做到，只是有些人习惯了注重理论，从而忽略了实践的重要性，殊不知，知识只有运用到实践中，才能体现出自身的价值。现实生活中，很多人都在各自的领域有着渊博的知识，但他们的知识，在日常生活中又有多大的用处呢？只有在学到的知识与我们真正的需要之间找到平衡点，并学以致用，才算是真正的学有所成。

当我们在学习某项知识时，一定要先问问自己：我要学的知识能够运用到生活实践中吗？也许在很多情况下，你投入了大量的时间和金钱，却不一定能得到相应的回报。因此，你最好能将自己学习的内容与你想做的工作加以对比，以明确自己需要学习什么知识，才能提升自身的能力，有利于你的全面发展，进而实现你最大的价值。换言之，即要始终考虑学以致用。

俗语有云，"授人以鱼不如授人以渔"。同样，如果换个角度来说，就是求鱼不如求渔，作为一个求学者，在学以致用的过程中，学习的方法远比结果重要得多。你若想早日实现自己的梦想，就一定要学以致用，生搬硬套书本上的知识，只会让你成为一个空想家，唯有将知识运用到实践中，才能发挥知识的真正作用。

现代社会，闭门造车无疑是在浪费时间，企业需要忠于实践的人才，只有这样的人才，才能为企业创造实际的价值。也只有勤思而慎言、厚积而薄发，能将知识用到工作的人，才能获得成功的快乐。

所以，会学和会用完全是两码事，我们不仅要会学，更要懂得如何灵活地去运用。你学习的知识，只有有效地运用到实践中去，才能发挥它的效用，否则，那便只是苍白的数字或者文字，无法帮你创造生命的价值！

? 静静思考

1.在现实生活中，你是个忠于实践的人吗？

第十章

选择性地听，
你或许会快乐很多

这个世界上，没人可以保证你的将
来前途无量，更没有人能保证你的人生
会一帆风顺，不要在乎别人的看法，更
不要按照别人的想法去生活。唯有对自
己充满了肯定和信任的人，才能不断地
超越自己，达到一个又一个的高峰，也
唯有这样的人生，才会绚丽多彩、跌宕
多姿。所以，选择性地听，听自己的心
声，你或许会快乐很多！

大胆地随心而动

与其摇摆不定的浪费时间，不如大胆地随心而动。

你是否会在夜深人静时感到孤独落寞？是否会对未来感到迷茫彷徨，不知道自己想要的到底是什么？如果你的回答是肯定的，那说明你对现在的生活有所怀疑，这不是你内心想要的人生，所以，你才会迷茫、会郁闷、会不知所措。此时，你需要静下心来，好好倾听自己的心声，去探寻新的人生方向。

李佳自高中时就狂热地喜欢上了美术，并深深地为这种艺术着迷，那时的她便决定要将美术作为自己的终身职业。

冰雪聪明的李佳学习成绩一直都非常好，完全有希望考上重点大学，但高考填志愿时，她却填报了一所著名的美术院校，她的这一决定，在家里掀起了轩然大波。父母非常生气，坚决要求她改填综合性的重点大学，并苦口婆心地分析其中的利弊关系，她静静地听完后说道："你们已经发表了自己的意见，我理解你们的心情。但是美术一直都是我热爱的事情，这个决定是我深思熟虑之后做的，并不是一时冲动，所以，我希望你们可以支持我！"

看到女儿如此认真和坚定，父母没有办法，只好尊重她的选择。

李佳在大学时学习认真，成绩优异，因此一毕业就被一家大型的广告公司选中，成了一名设计师。

可是没多久，李佳就毅然地辞职，去开了一家专门经营饰品、花卉和艺术品的小店。

尽管父母和亲朋好友都不理解她的做法，但是李佳认为她不喜欢大公司的工作，与其每天浪费时间，不如自在地做自己喜欢的事情。所以她选择了自己开店。父母到底是心疼女儿的，尽管自己有一百个不愿意，但在空闲的时候也会来店里帮帮忙。李佳的小店被她装扮得充满了浓郁的文艺气息，店面的风格、卡片的设计都给人极其舒适的审美情趣，吸引着路过的人们忍不住停下脚步，来她的店里逛一逛。

李佳对每一个进店的人都热情服务，并尽心尽力地帮他们挑选商品，对于顾客提出的定制要求她也会尽力去满足。时间一长，不少人都慕名前来，店里常常忙得不可开交。退休在家的父母见状，便干脆在店里打起了"长工"，一家三口每天在店里说说笑笑，日子过得好不快活！

当下很多人都说自己的生活是身不由己，是迫于生存的无奈选择，因此他们过得并不开心。但事实上，他们唯一无法选择的只有自己的出身，而他们的思想、行为，完全可以自己做主！那么，为什么不听从自己的内心呢？要知道，即使你再有理想、再有抱负，如果活的不快乐，那些又有什么意义呢？

就像案例中的李佳，她知道自己要什么，所以她清楚自己要走的路，越清楚便越有勇气，人生就这么简单，快乐也就这么简单。如果她受到亲朋好友们的影响，选择了一条自己不喜欢的路，或许她可以继续向前走，也可以越走越远，但随着时间的流逝，她会越走越迷茫，没有现在那么的开心和快乐。

很多人都喜欢把"我为什么而活"这样的话挂在嘴边，为什么呢？答案很简单，就是因为他们走的这条路并不是自己想要的，而他们为之奋斗的理想也不过是别人所希望的罢了。所以当他们耗光了激情、磨尽了耐心的时候，真正的理想便会与现实生活"打架"，内心的煎熬会让他们疲累，沮丧，进而对人生的意义产生怀疑。

这一刻，不妨静下心来，好好倾听一下自己的心声，当你明白自己真正想要的是什么后，请顺应自己的内心，别害怕世俗的眼光，也不必在乎别人的批判，你的人生由你规划，你的快乐由你创造。

？静静思考

1.你现在的工作是自己想要的吗？

2.你是否经常感觉郁闷，或对自己的未来很彷徨吗？

坚持是必要的

成功与失败往往只有一步之遥，而这关键的一步就是坚持。

河蚌忍受了沙粒的磨砺，孕育出了绝美的珍珠；铁剑忍受了烈火的历练，练就成了锋利的宝剑。所以，如果你想成就自己的人生，也必须先学会坚持。当然，也不能什么都坚持，而是坚持你最想得到的，因为有欲望才能有动力，有动力才能付诸行动，有行动才能成就自己的理想，有理想才能获得美好的人生！

帕瓦罗蒂出生在意大利的一个面包师家庭，父亲是个歌剧爱好者，经常会把卡鲁索、吉利、佩尔蒂莱的唱片带回家听，耳濡目染，帕瓦罗蒂也喜欢上了唱歌。小时候的帕瓦罗蒂就显示出唱歌的天赋，长大后的他依然对唱歌情有独钟，但父亲却希望他做一名职业教师，听话的他选择听从父亲的建议，决定成为一名教师。

于是，帕瓦罗蒂考上了一所师范学校，在校期间，一位名叫阿拉戈的专业歌手收他做了学生。临近毕业时，帕瓦罗蒂对父亲说："我想学音乐做一名歌手，不想做教师。"父亲严厉地说："你看看这个世界上，每天有多少人梦想成为歌手？但是又有多少人成功过？所以，听我的，还是教师更适合你！"

面对父亲的强硬态度，帕瓦罗蒂只能继续从事教师这个职业。但从教毕竟不是他的兴趣所在，所以他面对工作毫无激情。渐渐地，他认为自己在这方面很难有建树，于是，他背着父亲离开了学校，选择去接一些唱歌的工作。父亲得知后，大发雷霆，但帕瓦罗蒂却一再坚持，还大有坚持到底的架势，父亲只能顺从了他的意愿，后来，他开始随合唱团到各地举行音乐会，并经常在音乐会上演唱，希望能引起大家的注意。

可是，几年过去了，他还是个无名小辈，眼看着周围的朋友都小有成就，而自己却连养家糊口的能力都没有，他苦恼极了。偏偏在这个时候，他的声带长了一个小结，在一场音乐会上，他卖力地演唱却被观众倒喝彩，给轰下了舞台。

帕瓦罗蒂很心酸，尽管遭遇了很多挫折，但他却始终告诉自己要坚持，因为这是自己的梦想。

几个月后，帕瓦罗蒂在国际歌剧比赛中，扮演歌剧《艺术家生涯》中的鲁道夫一角，他那不俗的唱功得到了观众和专业演员的一致认可。之后，便接到了歌剧院的演出邀请。他非常珍惜这次机会，每天刻苦地练习，从歌词到动作，再到神态都反复地琢磨。终于，这场演出让他一举成名。

从此，帕瓦罗蒂的知名度不断上升，日渐成为活跃于国际歌剧舞台上的歌唱家。

历史总在不厌其烦地告诉我们一个真理：坚持，是实现理想不可缺少的条件。古语有云："天将降大任于斯人也，必先苦其心志，劳其筋骨，饿其体肤。"试问，这个世间，有多少人能不经历磨炼就获得美好的人生？因此，从今天起，学会坚持吧！如此，你才有机会独掌苍茫大地，傲问谁主沉浮。

帕瓦罗蒂的成就就是自己坚持得来的，如果他没有坚持，也许现在的他还是一个郁郁不得志的教师。要想实现人生的价值，就要勇敢地坚持，因为坚持能给你的生命不断地注入活力；能使你拥有把握人生命运的伟大力量；能把你人生的美好梦想，变成触手可及的现实。一切的豪言与壮语都是虚幻的，唯有坚持，才是实现理想的基石！

？静静思考

1.对于自己规划好的人生，你会因为其艰难而放弃吗？

2.当你对理想的看法与别人不一样时，你会坚持还是放弃？

要追求由衷的快乐

朝着心中所想的方向前行，找到属于你自己的乐园。

没有自我的生活是苦不堪言的，没有自我的人生是索然无味的，而丧失自我的人，更是莫大的悲哀，因为失去自我就是失去理想，失去理想就是失去人生，失去人生也就失去了快乐。是的，我们无法改变别人的看法，能改变的只有自己。想要满足每个人的期望是愚蠢的，也是没有必要的，与其将精力花在献媚上，还不如把精力放在踏踏实实的生活上，用自己那颗真诚的心，去规划自己的别样人生，收获属于自己的乐园。

尹妮是一位名牌大学毕业的高才生，毕业后，她很幸运地进入一家国际贸易公司，并成为项目经理的助手。初入职场的尹妮，希望自己能得到同事们的认可和喜爱，所以她要求自己在工作中尽可能地面面俱到，努力让自己成为一个受所有人欢迎的人。

然而，真实情况却与尹妮的想象相差巨大：每次跟上司交流时，由于她都太过小心翼翼，不论大事小事都要询问上司的意见，以致上

210

司觉得她缺乏主见，不能独立完成任务；而给同事们分配工作时，她为了避免同事们产生抵触情绪，表现得很温和，可正因为她表现得太过温和，导致同事们压根就不听她的安排。

这天，经理接到一个棘手的项目，但是他急着去见一位非常重要的客户，没时间亲自安排，便嘱咐尹妮安排同事们去做。尹妮拿到这个项目的资料后，便第一时间去分配工作，但同事们都推说自己手里还有其他任务，不听从她的安排。无奈之下，她只能硬着头皮自己独自跟进这个项目，还为此向几位业内的朋友寻求帮助。好在经过加班加点，尹妮最终还是如期完成了这个项目。

没过多久，这个项目的客户给公司发来反馈意见，他们很满意项目的完成情况，并提前支付了该项目的尾款。公司老总得知后非常高兴，特意奖励了尹妮一笔丰厚的奖金。尹妮原本还为此开心不已，可没过几天便郁闷了，因为经理和同事们都开始给她脸色看。经理认为她擅作主张独自跟进项目，完全将同事们撇到了一边，没有一丁点儿团队精神和合作意识；而同事们则认为她没有事先详细说清楚这个项目的情况，是她想独自完成项目后好独吞奖金，于是都有意地疏远她。

从这之后，尹妮的日子就更不好过了。她处处小心谨慎，本想让公司的所有人都喜欢她，结果却得罪了同事。这让她非常难受。

人活着是为了取悦自己，而不是为了迎合别人。没有自我的人，总是考虑别人的看法，所以常常会觉得疲累，把很简单的事情变得复杂。为人老实会吃亏，被人轻视；表现精明又会引来责怪，遭受压制；工作浑水摸鱼，被人认为不思进取；可有所追求又会引来妒忌，遭人非议。还有家庭之间、同事之间、老少之间……飞短流长的议论和窃窃私语无处不生，并且无孔不入。

如果你在意这些声音，那么你的大脑很快就会被它们填满，让你头昏眼花、心乱如麻，你怎么可能不累、不烦？又怎么能快乐得起来？在恰当的时候选择关闭自己的耳朵和眼睛，去感受你内心的渴望，按照自己的意愿去生活，或许一切都会豁然开朗。

就拿王东升来说，他人生的失败，不是因为自己的不努力，而是因为他没有活出自己。一个没有自己的人，有哪位领导敢重用？不要在乎别人的想法，因为那些都不重要，重要的是你想要怎样的生活，就算你的想法与众不同也没关系，朝着心中所想的方向前行，去找到属于你自己的乐园！

> **？ 静静思考**
>
> 1.你对自己现在从事的工作满意吗？
> 2.如果你对目前的工作不满意，你有勇气换一个自己想
>   要的职业吗？

倾听自己的心声

懂得倾听自己的心声，或许我们会快乐很多。

在生活中，我们总会遇到各种各样的问题，有各种各样的限制：只有这样做，才能更好地适应社会；选择这一行，才能跟得上时代……考虑了这么多的问题，你却忽视了最重要的一个——你自己的感受。如果你不愿意，即使父母能放心，你能挣更多的钱，但你也不会快乐。所以，懂得倾听自己的心声，选择性地倾听别人的意见，或许我们会快乐很多。

在美国的某条街上，有一家老字号的洗衣店，虽然设施并不先进，但良好的品质和服务得到了很多顾客的信任，所以店里生意一直很红火。

但是最近店主的心情却不太好，因为他的儿子实在是不求上进。年迈的店主本想将这家洗衣店交给儿子打理，可是他的儿子一到洗衣店就懒懒散散的，永远都是一副提不起精神的模样，除了那些不得不做的工作之外，其他事一概不管不问，有时甚至"旷工"好几天不来洗衣店。

这天，父亲正在洗衣店安排工作，儿子兴冲冲地跑到父亲跟前说："我以后不来洗衣店了，我要去机械厂上班。"

父亲听了这话，感到十分惊讶："你要做个机械工人吗？"

儿子坚定地点了点头，不管父亲怎么说怎么劝，儿子依然毫不动摇，坚持自己的决定。就这样，父子之间开始出现了隔阂。

儿子每天穿着布满油腻的粗布工作服早出晚归，父亲尽管嘴上对儿子仍不依不饶，但其实心底的怒气早已被疼惜所吞没。有一次，他悄悄地去看望儿子，发现儿子一边扛着笨重的机器，一边吹着欢快的口哨，看不出一点儿辛苦和劳累。儿子脸上洋溢的笑容也是父亲在洗衣店里从未看到过的。

这一刻，父亲被彻底地折服了，他不再反对儿子的工作，并且还给予大力地支持。之后，儿子决定要更系统化地学习这类知识，他选修了机械工程学，深入研究引擎以及如何装置机械等，然后将理论知识运用于实践操作。在他十几年的努力下，终于制造出了"空中飞行堡垒"——轰炸机，并帮助盟军赢得了第二次世界大战。这个人就是波音飞机公司著名的总裁——菲尔·强森！

每个人的生命都有其价值，要实现自我价值，就必须学会倾听自己的心声。就像强森一样，他就是做到了坚持内心的想法，才获得了最后的成功。假设他听从父亲的安排，接手了洗衣店，那么他将不可能获得现在的成功，成就更好的人生。

没有人能确保你的现在，也没有人能预测你的未来，因此不必在乎别人的看法，更不需要按照别人的想法去生活。倾听自己的心声，按照自己的节奏，用心去描绘出属于你那绚丽多彩、跌宕多姿的人生画卷。

对此，我们可以试着从以下几个方面入手：

1. 一定要相信自己

很多时候，我们之所以会听信他人的谗言，往往是因为自己的内心不够坚定，我们不知道若坚持自己的想法，能不能收获幸福的人生；也不知道如果没有听取别人的建议，结局会不会如他们所说的那般悲惨。面对未知的将来，我们难免会有所顾虑，但是无论怎样，我们应该要坚定地相信自己，即便最后没有获得成功，也不要留下遗憾。

2. 跳出别人的"定论"

跟着自己的心走，懂得适时地捂上耳朵，不该听的坚决不听，不该相信的坚决不信。换言之，不要轻易被外界舆论所左右，要大胆地选择自己想走的路，坚定自己想要达到的目标，跳出别人的"定论"，活出自己的人生。

3. 别忘了自己的初心

你还记得自己年少时的梦想吗？你还记得自己曾经的雄心壮志吗？虽然随着时间的推移和环境的变化，我们的目标会有所改变，但深埋在自己内心的渴望，却是永远都无法抹去的。不忘初心，才能勇敢朝着梦想奔跑。

❓ 静静思考

1.如果你想做的事遭到了别人的反对，你还会继续吗？

2.在做决定时，你会依赖家人和朋友的意见吗？

别丢了自己

　　每个人的人生都是属于自己的，如果你丢了自己，那便不再是你的人生了。

　　生活是否舒适，只有你自己知道；生命是否有价值，只有你自己知道；生活是否美好，只有你自己知道；你过的是否快乐，也只有你自己知道。所以，在你的人生旅途中，绝不能丢了自己，任凭他人的摆布，你就是你，是一个独立的生命体。你可以有不同于他人的想法，可以有与众不同的理想，更可以有不一样的人生，但这一切都取决于你自己！

　　王文华出生于文艺世家，父亲是一个书法家，在书法界的造诣几乎无人能及；母亲是一名演员，即使现在已经隐退了，她的影视作品也一直被人们视为经典。在父母的熏陶之下，王文华从小便对艺术充满了向往，尤其喜欢绘画，所以他的父母便带他进行专业美术学习，以培养他的美术修养。

大学毕业后，父母送王文华去了国外进修，回国后，他便开始了自己的艺术事业。他每画一幅画，都会先拿给别人看，然后再根据别人提的意见进行修改。尽管他十分努力，却始终无法在画坛占据一席之地，他很纳闷，不知道如何是好。

父亲得知这一切后，让王文华画一幅最完美的画给他。

王文华用了很长时间，画了一幅自认为接近完美的画。画完后，父亲带着他一起将这幅画拿到了画廊去展出，并在画的旁边放了一支笔，还附上了一段说明：亲爱的观赏者，如果你认为此画有欠佳之处，可以在画中做上记号。晚上，当父亲将这幅画取回家后，王文华发现整幅画都涂满了记号——没有一处是不被指责的。他十分不快，并对自己的画画技艺深感失望。

父亲对沮丧的王文华说："我们不妨换一种方法再去试试。"王文华又画了一幅一模一样的画，跟父亲再次来到了画廊去展出。这一次，父亲要求每位观赏者将其最为欣赏的妙笔都标上记号。当父亲再取回那幅画时，王文华发现画面又涂遍了记号——所有曾被指责的地方，如今却都换上了赞美的标记。

王启华终于明白了，他对父亲说："原来，我画得再好也没有用，那都是别人想要的，并不是我自己的，这个世界没有绝对的完美，亦不可能让所有人都满意。只要我自己满意就好，因为这是我的作品，而不是别人的！"听完儿子的这番话，父亲欣慰地点了点头，说道："那你知道接下来该怎么做了吗？"

从此以后，王文华开始了新的艺术创作，他的每一幅画都只表达自己的意愿，不扭捏也不造作。终于，他在一次全国书画大赛上拔得

头筹，一举成为艺术界的新宠。他的名字开始被艺术圈的人所熟知，
国内的艺术协会也纷纷向他抛出了橄榄枝。就这样，他开启了自己的
艺术人生！

王文华的经历告诉我们一个道理：不要让别人的判断左右你的思想！艺术
本身就是一种感性的事物，在艺术创作中，自己的艺术感受是最为重要的。王文
华之前在美术界一直没有突破，原因就是过于注重别人的看法而不相信自己的作
品，如果继续执迷于追求完美，可能一生都无法拿出一幅真正属于自己的画作，
无法拥有艺术人生。

正所谓众口难调，一味地听信他人，便会忽略自己的感受，对自己所做的
事情患得患失、诚惶诚恐，长此下去将很难实现自己的理想，即便是获得成功，
也不是完全属于自己的。别妄想你做的每件事都能获得所有人的支持，那是不可
能实现的，因此，做任何事没必要因为别人的不理解而背弃理想、放弃自我。

人生之路，无论是荆棘丛生，还是铺满鲜花，都只能由自己驾驭，当然，
别人的建议有它的价值所在，但是也只能作为参考，真正做决定的还是自己。

？静静思考

1.对于自己的人生，你是否有一套完整的规划？

2.你的人生规划中是否参考别人的建议？

成为你想成为的那种人

理想无所谓高尚与卑微，重要的是做你想要的自己。

在人生的道路中，每个人都有自己的理想：有的人想要名誉；有的人想要利益；有的人想要感情。你最想要的是什么？

李响是公司的销售经理，目前他正面临着事业上的瓶颈，他所在的公司工资高、福利好，但是现在客户的需求量已经达到了饱和，公司目前不再需要开拓市场，寻找新客户，因此他这个销售经理的职责，现在就是将客户需要的东西先记录下来，再交给生产部出货即可。既不用干活，还能拿高报酬，也许在别人看来，这是一份再好不过的美差，但对于三十多岁的李响来说，却是对自己未来和理想的沉重打击，因为这样就意味着自己在这家公司已不再是无可替代的角色，自己的才能无法得到施展，他感到很苦恼。

就在这时，另一家公司向他发出了邀请函，这是一家正处于创业时期的小公司，非常需要像李响这样的销售人才，而待遇方面是他能开拓多少市场，公司便给予他多少股份。

李响犹豫了，毕竟大公司能够给他安逸的生活，一直以来都被朋友们羡慕，小公司虽然能成就自己的理想，但有点太冒险了，他一时间难以抉择，于是他给自己放了个假，去巴黎散心。

这天，李响来到法兰西剧院附近，不远处便是莫里哀的纪念像，他仰头向大师行了个注目礼。待他走到跟前时，发现大师的脚下坐着一个乞丐：金色的头发蓬乱不堪，胡子拉碴，穿着厚厚的夹克和牛仔裤。他跪坐在一张薄毯上，正在细心地摆弄着自己的摊子。

乞丐一样一样地放置着自己的家当：番茄酱、蛋黄酱、醋……还有很多连李响都叫不上名字的东西，但看上去应该都是调料。乞丐那认真、细心的样子，就像在搞艺术品展览一样。

李响一直默默地注视着乞丐，乞丐发现李响在看他，并不恼火，而是冲着李响友善地一笑，天真而亲切。李响大着胆子用法语跟他打了个招呼，紧接着问道："你已经有那么多东西了，还要什么呢？"听完这句话，乞丐开心地大笑起来，同时双手一摊，比画着自己的家当说道："我得要到每天的面包呀！"

乞丐那一句看似平淡的话，却引起了李响的深思。是啊，调料再多，没有面包也解决不了饥饿。

这一刻，李响彻底地明白了，他所需要也只是"面包"而已。

第二天一早，李响就回国了。他回国的第一件事，就是到原公司辞职，去新公司入职。然后，便开始了快节奏的新生活，尽管工作压力很大，他却过得非常充实、非常快乐！

几年后，在李响与大家的努力下，公司逐渐步入了正轨，他凭借公司给予的股份坐上了销售总监的位置，位置越高责任也越大，他在忙碌中享受着属于自己的人生乐趣。

有时候，我们费尽心思得到了很多东西，但到最后却发现那些并不是我们真正想要的。现实生活中，不是每个人都能像李响那般幸运，能够及时找到自己想要的"面包"；也不是每个人都能像李响那样勇敢，果断放弃自己安逸的生活，只为了寻找"面包"。

其实人生很简单，得到你最想要的东西，从中获得快乐。也许，我们需要的只是一块面包而已，没有面包，有再多的调料也是无用的。所以，别再纠结别人的看法，努力去成为你想成为的那种人吧！

> **? 静静思考**
>
> 1.你是否清楚地知道自己最想要的是什么呢？
>
> 2.你现在是否已经得到了自己最想要的一切了？

第十一章

快乐的人都拥有
"爱的能力"

爱，是一个永恒的话题，它能在寒夜里给我们温暖，能在失意时给我们勇气，能在低谷时给我们希望，能在每一个细碎的时光中带给我们满满的幸福感。怎样才能让自己持续地去爱和被爱呢？爱是我们与生俱来的能力，但这种能力不是一成不变的，需要我们用心地培育和浇灌，才能使它"茁壮成长"，让我们得到持久的快乐！

幸福常常来源于沟通

生活的琐碎难免会让相爱的人产生摩擦，及时静下心来沟通是情感保鲜的有效方法。

家是每个人幸福的港湾，它能带给你温暖和舒适，而每个家庭成员又是独立的个体，因此在琐碎的生活中难免会出现一些摩擦，这时就需要适当的沟通。沟通是人类建立感情和信任的基础，更是我们获得幸福的开始。人世间之所以有那么多遗憾，往往就是因为没能及时沟通造成的。

李双是个典型的上海女孩，个性非常强，家里的所有事都必须依顺她。二十五岁那年，李双嫁给了一个湖南男孩——小金，小金可是个难得的好男人，不但能挣钱，而且脾气也非常好，大家都说李双有福气。小金对李双很宠爱，两个人的感情还算稳定，但有一件事却总引得他俩闹矛盾，那就是吃的问题。

李双做菜喜欢放糖，因为上海人爱吃甜食；小金做菜则喜欢放辣椒，因为湖南人嗜辣如命，这并不算什么大事，如果两人能坐下来沟通一下，也就没事了，但李双已经习惯了别人凡事都依顺她，而小金呢，刚开始还能忍，但吃饭这事，可没办法长期忍耐啊！他们为了吃饭这事经常吵架，以致婚姻出现了裂痕，无奈之下，他们只好决定离婚。

其实刚离婚李双就后悔了，因为她心里清楚，小金对她真的很不错，但现在已经离婚，就算自己再后悔也没用。过了一年，她在一次相亲中认识了一个四川的男人，她对这个男人非常满意，想进一步了解对方，但想到对方是四川人，饮食习惯可能也偏辣，李双决定先试探一下。

交往后的第一餐饭，李双选择了去饭店吃，想探探对方的口味，果然，男人点的每一盘菜都有辣，此时，她说："能不能换一盘不辣的菜呢？我吃不了辣的，如果可以，最好是换一盘甜的，我比较喜欢吃甜的菜。"

男人一听便说道："也对，你是上海人，那就换几样甜的菜吧！"

一听男人这话，她心中暗喜，接着说道："那我们以后吃饭时，能不能也一半甜菜，一半辣菜啊？"

男人说："当然可以啊，不然谁都没法吃，那日子怎么过啊！"

就这样，一次简单的沟通轻松地解决了家庭问题。从那以后，李双知道了沟通的重要性，也学会了如何沟通。很快两人便结婚了，他们过得十分甜蜜，丈夫也越来越爱她，因为他觉得老婆非常体贴，总能及时地沟通，将复杂的事情简单化。

一个温馨的家，永远都是我们最渴望、最迷恋的地方，但由于在一起相处的时间太久，往往会不经意间忽略家人的感受，于是便产生了摩擦或矛盾。如果这些问题不能及时地解决，便会引起更大的矛盾，甚至让亲人变成敌人，这并不是危言耸听，因为这样的事情在生活中屡见不鲜。

其实，一家人哪会有什么深仇大恨呢？只是因为缺少必要的沟通罢了！如果说语言是人类的智慧，那沟通就是人类智慧的结晶，因为沟通比语言更需要技巧，一旦你沟通的方式不对，很可能会让问题更加棘手。因此，必须先学会沟通的技巧，这样才能更好地化解问题，让彼此更加亲近。

对此，下面这些方法或许能带给你一些帮助：

1. 合理制定交谈的时间

如果能与对方商定出最佳的沟通时间，那是最好不过的了。例如，他最爱看晚间新闻，那么，当节目播出时就不要去打扰他，等节目播完，对方闲下来，而且心情看起来不错的时候，可以提出交谈的请求。

2. 尽量不要直接称呼"你"

尽量用"我"作句子的主语，不要一开口"你怎样……""你那样……"的咄咄逼人。例如，不要说："你从来不关心我！"因为这样一来，就等于直接将对方放在了被告席上，极易引发对方的反感情绪，应该说："我希望你能多点时间跟我在一起！"这样，对方才能静下来好好地跟你交谈。

3. 要集中在一个问题上

当对方在聆听的时候，不要将一连串的问题都搬到桌面上来说，这样非但解决不了问题，还会激化矛盾，最后往往会以吵架收场。所以这一定不是你想要的，懂得就事论事，将焦点集中在一个问题上，抱着"解决问题"的态度去好好地沟通。

4. 尽量在心情愉悦时交谈

一般来说，沟通尽量不要选择工作日，因为一天的疲劳很容易让对方发怒，所以，沟通应尽量选择对方心情愉悦的时间。不妨将星期天或节假日确定为最佳的沟通时间。

5. 学会换位思考

换位思考在人与人的沟通和交往中占有非常重要的地位，因为不了解对方的立场、感受及想法，我们就无法正确地思考与回应，沟通便会被阻断，最终导致矛盾加深。学会换位思考，学习以宽容的态度，接纳不同的人、不同的事和不同的物，才能获得对方的尊重和体谅。

> **? 静静思考**
>
> 1.当遇到问题时，你会及时找家人沟通吗？
>
> 2.你觉得哪种沟通技巧最实用呢？

做个"柔道"高手

柔道的造诣不在于你能不能击败对手，而在于你是否能巧妙地躲闪对手的攻击。

通常，大部分家庭矛盾的产生，都是由一成不变的生活模式造成的，矛盾的出现，往往是由于我们对当下生活模式的不满。不可否认，人是一种具有惰性的动物，无论做什么事情，只要时间一长，便会失去往日的激情，于是可能会不满、抱怨。这时，我们不妨学学柔道里的绝招，用柔情去化解。

吴刚和妻子是通过相亲认识并结婚的，日子过得不咸不淡。在一次施工中，吴刚不幸被下落的石头砸中双腿，致使下半身瘫痪。

没过多久，妻子便离开了吴刚。此时，亲友们都埋怨妻子太薄情，但吴刚却说："不要责备她，是我不好。"

吴刚忏悔道："她做饭忙不过来的时候，我坐在电视前无动于衷；她生病需要去医院的时候，我以工作忙为借口，让她一人去看病；她买了件新衣服，满心欢喜地问我怎么样的时候，我甚至连看都没看过一眼；她的生日如果没有她的提醒，我总会想不起究竟是哪天……"

吴刚说，他们的婚姻，早就因为他的这些行为而瘫痪，只是他以前没有感觉到，现在他不能动了，却一下子都明白了。后来亲友们把这些话告诉了他的妻子，妻子听后非常感动，她说："既然他能这么说，说明他已经认识到我们之间的问题了，我回去吧，再给我们彼此一个机会。"就这样，妻子在吴刚的柔情之下，又回来了。不仅如此，妻子还一改往日的冰冷，精心照料他。

在妻子的照顾下，吴刚康复得很快，而他们的婚姻也得到了"康复"，并且还比以前更加稳固了。现在，他们已是一对恩爱的夫妻了。

婚姻是两个人的智慧，从你走进"围城"的那一刻起，就是你们启动这种智慧的开始。也许你不能控制矛盾的产生，但你可以选择与爱人相处的方式，唯有"以柔化刚"，彼此相互理解、相互体贴，才能获得一个幸福美满的家庭。

我们都希望能拥有一个完美的家庭，但在现实生活中，很少有家庭可以做到。因为这需要你用心去经营、去维系。我们应该怎么做呢？不妨看看下面一些建议：

首先，学会关怀、体贴对方。

当你们之间产生矛盾时，你需要用关怀、体贴的柔情去化解它。例如，对方近期有很多工作要做，没有时间与你交流，或者不像往日那般"热情"时，要学会体谅和关怀对方，注意把握说话的分寸，最好别开玩笑，尤其不要纠缠不休。

如果这个时候，遇到对方落泪、忧伤、痛苦，甚至对你斥责几句等，一定不要当面计较。总之，你要像对待病人一样耐着性子，要相信对方的任性只是暂时的，很快就会结束了。

其次，要学会将争吵变成讨论。

当发生冲突时，一方主动认错，并不代表事情已经结束，因为问题还没有解决。认错不过是表明态度，因此为了不再有同样的错误或者同样的问题出现，你必须和对方商量形成一套解决方案，为以后更好的相处做准备。

因此，理想的家庭不是非得争个你高我低，而是将争执变成讨论。讨论是将两个人的想法合理地融为一体，同时满足两个人的需求，从而有效地解决问题。

最后，要尽量做到互相照顾、互相进步。

人类主要是靠经验来生活的，而经验又常常来源于犯错后的结论，可见错误能使人变得更聪明。所以不要害怕犯错，只要我们能在错误发生后，认真反省、思考、分析自己究竟错在哪里，然后及时地改正即可。对此，我们要尽量多从自身找原因，不要一味地埋怨对方。

此外，当争吵、冲突平息以后，双方最好能开诚布公地谈谈各自的看法和要求，找出争吵的原因，提出解决方案，最终找出能使双方都满意的最佳方案。夫妻若能经常在讨论中听取对方有益的建议，努力改正不良习惯，那家庭自然就会越来越和睦了。

?　静静思考

1.你会主动去关心家里的每一位成员吗?

2.家里出现任何问题,你都能站在对方的立场去考虑吗?

左手家庭，右手宽容

如果你左手握着家庭，那么你的右手就应该紧握住宽容。

两个人在一起过日子，不可能总是甜甜蜜蜜的，偶尔也会吵架拌嘴。其实，生活中并没有什么不能解决的大问题，人与人之间常常都是因为一点鸡毛蒜皮的小事而争论不休。因此，不妨试着用宽容的心去对待身边的家人和朋友。不要小瞧了"宽容"这两个字，它可是化解矛盾的良药。

二十四岁的王霞刚结婚不久，她本以为婚后和丈夫的生活会非常甜蜜，充满快乐，但让她没有想到的是，在度过了几个月的甜蜜时光后，自己与丈夫便经常会为一点鸡毛蒜皮的事而吵吵闹闹。只要有一点事不合心意，两个人不是吵架，就是掉头便走！

王霞终于忍不住去跟母亲诉苦，并下定决心要离婚。

母亲却说："天下没有不吵架的夫妻，你们总是争吵不休，不是因为你们有天大的矛盾，而是因为你们欠缺应有的耐心和细心。你总认为男人应该有宽阔的胸襟、包容的气度，由着你的性子来。可他也是初为人夫，年轻气盛，人家凭什么每次都要让着你？你为什么就不能在争吵的时候也忍让一些呢？"

母亲说完，便起身去给王霞泡了杯茶。王霞刚喝一口便吐了出来："这是什么味道？又苦又涩的，哪里是茶，分明就是劣质中药！"

母亲摇了摇头，说道："这茶是我和你父亲去泰国旅行时，在一家寺院旁边的小店里买的，它的味道非常特别。你再试一下，先不要急着吐出来。"

王霞又喝一口，这次不那么苦了，但还是有些涩口。

母亲说："喝这种茶不能急，要细细地品味，每一分钟的味道都不同，每一遍的味道也不同。"

于是，王霞又品尝了一口，这一次，她感觉到浓浓的清苦过后，竟是一种甘甜。

这时，母亲拿来了一个长方形的纸盒，里面装着一个粗笨的小木盒，并且还配了一只漂亮的杯子，在杯子的底部，是一串红色的英文字，翻译过来是这样的：

试一试你对人生能付出多少勇气和毅力：

一分钟，味道真是太糟糕了。

两分钟，又苦又涩。

三分钟，忍耐一下，不要急于放弃。

四分钟，我们理解你的感受。

五分钟，现在会有一些清香。

六分钟，苦尽甘来，你现在可以开怀畅饮了。

母亲说："如果对生活没有足够的耐心和勇气，就连一杯看似普通的茶都能欺骗你。正如你现在的婚姻生活，平庸和苦涩的背后，往往都隐藏着甜蜜和温情。只是需要你在必要的时候学会宽容，当自己心平气和以后，你会觉得事情远没有那么糟糕，就像这杯茶并没有那么苦涩一样。"

最后，母亲说了一句："永远坚信，他是你要共度一生的人！"

王霞回家之后，一直细细地回味着母亲的话，觉得很有道理。于是，她逐渐改变自己的态度，发生矛盾时提醒自己要宽容，默默回到卧室数数，然后调整好心情再出来。

王霞的改变让丈夫也逐渐变得温和了起来，即便有了不同的意见，也总是轻声细语慢慢地说，也懂得了退让。看电视时，丈夫也不再跟她抢遥控器了；偶尔出差也不忘记买小礼物回来；只要有时间，就陪她坐在沙发上聊天；节假日还带她去郊游；周末一大早就跑到菜市场买菜，虽然买的菜又差又贵，但她还是满心欢喜地夸奖他……

王霞的故事让我们看见了宽容的魔力，不过是简单的退让，竟能让原本要倒塌的"围墙"变得坚固无比。其实，当两个人发生争执时，只要有一方能选择忍让，那另一方往往也会做些许的让步，从而让原本绷紧的弦渐渐松弛下来，麻烦也会随之解决。

宽容是保持家庭幸福的一种大智慧，亦是永恒不变的爱情哲学！

在家庭生活中，夫妻应该像左右手一样，左手提东西累了，不用开口，右手就会接过来；右手受了伤，也不用呼喊和请求，左手就会主动伸过去。经营家庭和婚姻也是如此，应该多一些大度和包容，才能走得更长远。

人生路上不会总是艳阳高照、鲜花盛开，同样也会有夏暑冬寒、风霜雷雨。面对生活中的一些小矛盾，我们必须学会宽容。当然，这并不代表凡事都要容忍，宽容也是有限度、有原则的，因为过分的忍让，会让你变得软弱麻木，进而失去自我，这同样会让家庭陷入绝境。

所以，经营家庭是一门艺术，用宽容的心才能让这份爱走得更远！

> **? 静静思考**
>
> 1.当你与家人吵架时，是咄咄逼人，还是忍让对方？
>
> 2.争吵后，你会不会主动认错呢？

猜疑心是颗老鼠屎

当激情趋于平淡时，请用自己的清醒和理智去面对生活。

在人生的旅途中，爱是心灵的窗户，只有把窗户打开，爱的阳光才会照进我们的心田。然而，在琐碎的时光中，再美好的爱情最终都会被生活的平淡所取代，此时最易出现的敌人，就是毫无根据的猜疑心，它会给爱情增添烦恼，让相爱的心出现裂痕。这时，我们需要更加清醒和理智，唯有这样，才能给彼此的爱注入新鲜的空气！

张钰有一个非常幸福的家庭：她的丈夫事业稳定，并且对她百依百顺，还有一对双胞胎儿子，聪明可爱。无疑她是非常幸福的。但她自己却并不这样认为，因为她总觉得自己的丈夫有外遇，而且自己还亲眼撞见过一次。

朋友问张钰："你都看见什么了？"张钰说出了那天的经过：那天，张钰下班正好路过一家电影院，看见自己的丈夫和一位美女交谈甚欢，不一会儿，两人便一起走进电影院。在回家的路上，她思绪烦乱，她想起了自己和丈夫结婚半年以来，有几次约丈夫去看电影，他都推三推四的，而现在却和其他女人去看电影，她越想越气。

晚上丈夫回家后，张钰便黑着一张脸，丈夫关心地问："你怎么了？"

张钰没有理会丈夫。

丈夫又问："究竟出了什么事？"

张钰没好气地回答："你自己知道！"并且还骂丈夫不要脸。

丈夫被张钰骂得莫名其妙，因此非常恼火。从那以后，丈夫便不愿再搭理她。而她呢？心里有气，也不愿理丈夫了。就这样，一个原本幸福温馨的家庭，开始了一段相互较劲儿的冷战。

朋友劝张钰说："看一场电影并不能代表什么，别把自己的家搞散了！"

其实张钰心里也害怕，她问道："那我现在该怎么办呢？"

朋友回答："你先主动跟他和好，找个机会提一提那天的事，看看他怎么说。如果他含含糊糊、闪烁其词，那八成是心里有鬼；如果他回答得很坦荡，那就先相信他，等过一段时间你再细问。"

张钰按照朋友说的做了。原来，与丈夫一起看电影的是他同事的新婚妻子。本来约好的三个人一起看，可同事临时有事需要加班，就只剩丈夫和同事的妻子两个人去看了。

得知了整件事的前因后果后，张钰非常庆幸自己当时没有鲁莽行事，否则现在后悔都来不及了。从那以后，她再也没有胡乱猜测，与丈夫的相处也融洽了起来。

茫茫人海中，两个陌生的人，从相识到相知再至相守是非常不易的。虽然有爱才有婚姻，但婚姻却不是静止的，而是不断发展变化的。当激情浪漫的爱情被婚姻生活的平淡所替代后，需要我们用清醒和理智去对待，这样，日子才能越过越精彩。

然而，每到这个阶段，我们总会开始不信任对方，产生各种猜疑。其实最主要是因为我们思维方法上主观臆断的色彩太浓，以致加强了心理上的消极自我暗示。解决猜疑心最好的方法就是多和对方沟通，因为交心才能够知心。人们常说："长相知，才能不相疑；不相疑，才能长相知。"在婚姻生活中，夫妻只要做到胸怀坦荡、开诚布公，猜疑心自然就会烟消云散。

那具体应该怎么做呢？我们可以试试以下几步：

首先，加强彼此间的交流。

很多时候，我们都认为有些事不必说出来，对方就能体会和理解，但事实并非如此。有些东西，你自己如果不坦诚地说出来，别人可能永远都不会了解，尤其是在你胡乱猜测的时候。当你与爱人产生误会时，不要等待对方先开口，也不要以为时间会冲淡一切，因为猜疑只会随着时间的推移而加剧扩散。

因此，要想消除隔阂、排除误会，就要建立相互信任、相互理解、相互支持的和谐氛围，对此，我们必须加强沟通和交流。与其一个人冥思苦想、猜忌怀疑，不如两个人推心置腹地谈一谈，也许一切问题便能够迎刃而解。

最后，不要意气用事，要冷静分析。

现实生活中，很多猜疑往往都是轻信了他人的闲言碎语，丧失自我判断能力。所以，对于那些流言蜚语，必须学会冷静分析和迂回处理。

即使是你最亲的朋友的话，也不能一听就信，因为谁都不能保证他们的话语中没有失真的成分。对此，你应该多设想几个对立面来说服自己，若冷静分析后，你仍然难以解除自己的猜疑，就要第一时间跟爱人交流。

？静静思考

1.你觉得自己是一个猜疑心重的人吗？

2.你是如何解决心中的猜疑呢？

爱在左，情趣在右

爱是需要情趣的，它犹如沙漠中的一片绿洲，能让我们疲劳的双眼看到美和希望。

也许，我们都有过这样的感受：在刚谈恋爱时，充满了新鲜、激情和浪漫，但时间久了，爱便镀上了一层沉闷与压抑，好像生活就是在不断地重复，单调而乏味。这种感觉常会使人对爱失去兴趣，让恋人或夫妻面临分手的危机，这时就需要一点"小心思"了：精致的茶具、美丽的鲜花、浪漫的烛光晚餐……让平淡的生活多一些情趣，让爱情永葆青春！

程欣是个非常有情趣的女人，从她和男友相识以来，她就经常会制造一些浪漫和惊喜，男友也正是被她的古灵精怪所吸引，将她娶回了家。婚后，她依然保持着自己的作风，时不时地给老公一点新鲜感。而她设计的"爱情欠条"更成了两个人专属的甜蜜"武器"。

那是一个周末的晚上，程欣约好了跟老公一起去看电影，可是，她却突然得到公司的命令，要她紧急出差去北京一趟，因为那边的客户出现了一些问题，需要她去处理，大概要一周的时间。当她对老公说自己要出差时，老公一脸不高兴。

于是，程欣对老公说："等回来以后我一定会补偿你的！"见老公没有反应，她想了想说："要不，我给你写个欠条，改天加倍偿还给你。"说完，程欣就去打了欠条。

老公本以为程欣只是说说而已，谁知她出差回来后，竟马上拿出那张欠条，说要开始兑现自己的承诺了，并且还真的说做就做。在接下来的一周里，程欣又是做饭、洗碗，又是搞清洁、洗衣服，忙得是不亦乐乎，老公看在眼里，却甜在心里，总是陪着程欣一起干活。

过了一阵子，轮到老公要出差了，老公对程欣说："我们公司组织去广东学习，这一去要两个星期。"出差前一天，老公很自觉地"讨好"着程欣，又是做饭又是买衣服，但程欣可不想错过"报复"老公的机会，她去书房拿了纸和笔，逼着老公给自己写下一张欠条。

因为老公每个周末都会为程欣做一顿大餐，她算了一下，两周欠两顿大餐。有"仇"不报非君子，想到这里，她便缠着老公给她打欠条。老公想要赖也不行了，不得不给她写了张欠条：今欠老婆美餐两顿，下周连本带息一并还清。如若不按时兑现，愿接受家规严惩。老公写完后便交给程欣保管。

在爱情中，女人往往都是制造情调的天才。当然，情趣生活并非是女人的专利，大家一起营造，才会更加多姿多彩。就像案例中的程欣，她对生活充满了激情，这种激情不但能使爱情保鲜，更能够维持家庭的温馨，那张小小的"爱情欠条"，让本来可能会产生的小摩擦，转眼间变成了富有情趣的小期待，感情在这一来一往中不断增长。

对于美好爱情的描述，作家们从不会吝啬词汇，记得有一本书这样写道："爱在左，情趣在右，走在生命之路的两旁，随时撒种，随时开花，将这一径长途点缀得季花弥漫，使穿枝拂叶的行人踏着荆棘都不觉痛苦，有泪可落也不是悲凉。"生活中的浪漫俯拾皆是，这就要看你有没有发现它们的双眼了。只要稍微用一点心思，相信你们的感情也能更加温馨和浪漫。

可见，情趣是爱人相处的秘籍，只要我们能掌握其中的技巧，又何愁不能拥有一个温馨的家呢！

? 静静思考

1.你觉得自己是一个富有情趣的人吗？

2.你制造浪漫的方式是一成不变还是不断创新呢？

拥抱是示爱的最好方法

有时候，无须言语，一个温暖的拥抱就能让爱注入心灵。

恋人间的拥抱，那是爱慕的表达；父母和子女之间的拥抱，那是满满的关心和爱；朋友间的拥抱，那是无声的鼓励和安慰；外国人之间的拥抱，那是一种礼节。拥抱在不同的人之间发生，有着不同的含义，也表达着不同的心情，这就是拥抱的神奇魔力，但归根结底，拥抱都是一种爱的表达方式，它能给人无限的温暖。

小峰原本有一个幸福的家庭，但在他十岁那年，父母在感情方面出现了问题，两个人准备离婚。小峰很伤心，他看着墙上一家三口拥抱的照片，想到母亲曾不止一次地说过，9 年前的这个时刻是她这一生中最甜蜜、幸福的回忆。而今却要分离，他不知道如何是好。

那天晚上，小峰翻来覆去怎么也睡不着，他在想，怎样才能让父母不离婚呢？

于是，小峰来到爸爸房间，流着泪说："爸爸，你答应我，从明天起，一直到妈妈离开的 10 天时间里，每天都抱抱我和妈妈，就像我出生一个月的时候，您抱着我们照的那张照片一样，好吗？"父亲沉默了一会儿，同意了小峰的要求。

第二天，小峰起得很早，当他洗漱完毕时，发现父母已经站在客厅里。小峰故意装着背书包要上学去，妈妈突然叫住小峰，向小峰缓缓地张开双臂。小峰扑到母亲怀里， 她已经三十七岁了，而小峰也已长大，她抱起小峰的时候有些吃力。

小峰抱着母亲的脖子，然后叫父亲过来。父亲把小峰和母亲抱起来后，便开始大口、大口地喘气，三秒钟不到就把他们放回了地上。只听见他嘴里小声说道："小峰，如果你不背书包的话，我可能会坚持得久一些。"就在这时，小峰感觉脖子上有种温暖、湿润的东西在滚动，那是母亲的泪水。

第三天早上，在等待父亲拥抱时，小峰放下了书包。当父亲将小峰和母亲抱起时，小峰喊道："您今天可要多坚持两秒钟哟！"

就这样过了五天，当父亲再次抱起小峰和母亲时，自豪地说道："我这几天力气变得越来越大了，抱两个人都不吃力！"在父亲送小峰去上学的路上，小峰对父亲说："爸爸，其实不是你的力气变大了，而是妈妈瘦了许多。"那天晚上，父亲回来得很早，他悄悄地跟小峰说："孩子，你母亲确实瘦了许多。"

小峰哽咽地说："那从明天起，你就只抱妈妈吧。"

第六天早晨，小峰起得很早，躲在房间里透过门缝看着客厅，母亲这天穿上了她最喜欢的那件粉红色连衣裙。没有小峰在一旁，他们似乎有些尴尬，几天来，他们已经把小峰当成了彼此联系的桥梁。

　　这样过了一会儿，见小峰还没有出来，父亲说道："今天就让我单独抱抱你吧！"母亲惊讶地抬起头，她的眼睛里闪烁着泪光。说完，父亲便低下身将母亲从沙发上抱起来。没有小峰从中搅和，父亲的拥抱有些生涩，然而，这一次的拥抱却比以往更用力，时间也更长。

　　今天已经是第十天了，明天母亲就要离开了，按父亲给小峰的承诺，他的拥抱也只剩最后一次了，小峰不知道这次是该"搅和"进去，还是躲在一边。

　　离天亮还很早，小峰突然醒来，发现父母就坐在自己的床边。母亲对小峰说："宝贝，让妈妈再抱抱你吧！"小峰的心一阵刺痛。看来，他们还是要离婚。小峰躺在被窝里没有动，如果这是最后一次，小峰宁愿不要这样的拥抱。这时父亲说话了："宝贝，如果你愿意让妈妈抱一下，我们就不离婚了。"

　　小峰吃了一惊，从床上跳起来叫道："真的吗？"母亲含着泪张开双臂点点头，小峰兴奋地扑到母亲的怀里，然后父亲将母亲轻轻地抱了起来。他们都哭了，隔着小峰的头，他们彼此不停地说着："对不起……"

心理学家曾说过："拥抱可以消除沮丧，能使体内免疫系统的效能上升；拥抱能为倦怠的躯体注入新生命，使你变得更年轻、更有活力。在家庭中，每天拥抱能够加强亲情关系，大大减少摩擦。"的确，小峰父母的拥抱，不就挽救了这个即将破碎的家庭吗？其实拥抱最大的作用，是能让彼此更加贴近，从而给对方一次重新审视自己的机会，同时也给自己一次自我检讨的机会。

在这个物欲横流的现代社会，我们已经习惯了注重物质上的支持与分享，而忽略了精神上的交流与关爱。人类是渴望被别人拥抱的，只是现代快节奏的生活，让我们隐藏了自己的这种渴望，并渐渐淡漠了这种渴望。

可以说，拥抱是慰藉心灵的"鸡汤"，是治愈各种身心伤害的"良药"，更是提高身心健康的最佳"滋补品"。但生活却让我们的身体"失语"了很久，以致让坏情绪悄悄地溜了进来。所以，为什么不可以给爱一个形式呢？比如每天一个拥抱，这能让我们更加确定彼此之间的情感。

还等什么，现在就转身，给你爱的人一个拥抱吧！

❓静静思考

1.你通常会如何表达对家人的爱？

2.你是否会主动拥抱你的妻子（丈夫）、孩子以及你的
　父母呢？